Mahendra Kavad
Kandarp Mevada
Payal Makavana

Efeito de diferentes fontes orgânicas e cobertura morta no amendoim

Mahendra Kavad
Kandarp Mevada
Payal Makavana

Efeito de diferentes fontes orgânicas e cobertura morta no amendoim

Melhoria do cultivo do amendoim

ScienciaScripts

Imprint
Any brand names and product names mentioned in this book are subject to trademark, brand or patent protection and are trademarks or registered trademarks of their respective holders. The use of brand names, product names, common names, trade names, product descriptions etc. even without a particular marking in this work is in no way to be construed to mean that such names may be regarded as unrestricted in respect of trademark and brand protection legislation and could thus be used by anyone.

Cover image: www.ingimage.com

This book is a translation from the original published under ISBN 978-620-7-46588-0.

Publisher:
Sciencia Scripts
is a trademark of
Dodo Books Indian Ocean Ltd. and OmniScriptum S.R.L publishing group

120 High Road, East Finchley, London, N2 9ED, United Kingdom
Str. Armeneasca 28/1, office 1, Chisinau MD-2012, Republic of Moldova, Europe
Printed at: see last page
ISBN: 978-620-8-07038-0

Conteúdo

RESUMO

Um experimento foi conduzido na Fazenda Agronômica, Departamento de Agronomia, B. A. College of Agriculture, Anand Agricultural University, Anand durante a estação kharif de 2021 para estudar o efeito de diferentes fontes orgânicas e cobertura morta no crescimento, rendimento e qualidade do amendoim (Arachis hypogaea L.) cultivado em solo de areia argilosa encontrado ligeiramente alcalino na natureza (7,8 pH), médio em carbono orgânico (0,53 %), nitrogênio disponível (208 kg/ha) e fósforo disponível (28,50 kg/ha) e alto em potássio disponível (270 kg/ha).

Dez combinações de tratamento compreendendo cinco fontes orgânicas diferentes viz., Vermicomposto, FYM, NADEP-composto, Bangalore-composto e Sem estrume e dois níveis de cobertura morta viz., cobertura morta com palha de trigo @ 2.5t/ha e sem cobertura morta foram avaliadas em desenho de blocos aleatórios com conceito fatorial com quatro replicações. O amendoim (variedade GG 34) foi semeado a uma distância de 45 cm × 10 cm.

O número de plantas por metro de comprimento de linha aos 20 DAS e na colheita, o índice de colheita, o índice de sementes na colheita, o K2O disponível, o carbono orgânico, a matéria orgânica, a densidade aparente, a CE e o pH após a colheita da cultura do amendoim não diferiram significativamente devido aos diferentes tratamentos de fontes orgânicas. A aplicação de vermicomposto registou uma altura de planta significativamente maior (13,72, 30,00 e 54,56 cm aos 30, 60 DAS e na colheita, respetivamente), maior biomassa seca de raiz (1,73 g/planta), biomassa seca de planta (8,63 g/planta) e comprimento de raiz (12,52 cm) aos 45 DAS, número de vagens por planta (25,82), rendimento de vagem (2757 kg/ha), rendimento de lanço (4615 kg/ha) e % de descasque (73,98%). No que diz respeito à qualidade, observou-se um teor significativamente mais elevado de proteínas (24,85%) no tratamento com vermicomposto, enquanto que um teor significativamente mais elevado de óleo (51,68%) foi observado no tratamento com FYM. Um teor significativamente mais elevado de nitrogénio no grão (3,75%) e no casco (1,98%), e o teor de fósforo no grão (0,71%) e no casco (0,45%) foram registados com vermicomposto, enquanto que o teor de potássio no grão e no casco não foi significativo. A densidade aparente, a matéria orgânica, o Ec, o pH, o carbono orgânico e o K2O disponível permaneceram inalterados, enquanto que o azoto disponível significativamente mais elevado (249 kg/ha), o P2O5 disponível (36,81 kg/ha) e a população microbiana do solo viz, Rhizobium (2,9 x 107 cfu/g) e PSB (5,9 x 107 cfu/g) foram registados sob vermicomposto.

O efeito da cobertura vegetal na população de plantas, altura periódica da planta, biomassa seca da planta e da raiz, número de ramos por planta, comprimento da raiz, número de vagens por planta, índice de sementes, % de descasque, índice de colheita, teor de proteína, teor de óleo, rendimento da vagem e rendimento do lanço, CE, pH, OC, B.D, O.M, N disponível, P2O5, e K2O, teor de N no lanço, teor de P e K no grão e no lanço foi considerado não significativo.

O teor de N no grão (3,53%) e a população microbiana do solo, Rhizobium (3,9 x 106 cfu/g) e PSB (6,9 x 106 cfu/g), foram significativamente mais elevados com a aplicação de cobertura morta (palha de trigo) (M1) do que sem cobertura morta.

Todos os efeitos da interação entre fontes orgânicas e cobertura morta em todas as observações foram considerados não significativos, exceto a população de Rhizobium no solo, em que o vermicomposto com cobertura morta tinha a população mais elevada.

A aplicação de vermicomposto registou o maior rendimento líquido de '132518/ha com um rácio benefício/custo (BCR) de 3,57.

Conclui-se que, para obter maior rendimento de vagens, retorno líquido e para melhorar a saúde do solo, a cultura do amendoim *da quaresma* deve ser adubada com 20 kg de N/ha de vermicomposto, juntamente com 250 kg de PROM/ha.

RECONHECIMENTO

Tenho o prazer de olhar para trás e recordar o caminho percorrido durante os dias de trabalho árduo e perseverança. Esta tese é o resultado de dois anos de trabalho em que fui acompanhado, apoiado e orientado por muitas pessoas. É do meu coração expressar o meu mais profundo sentimento de gratidão a todos aqueles que, direta e indiretamente, me ajudaram nesta empreitada.

Logo à partida, sinto a inadequação das palavras para exprimir o meu profundo endividamento e o mais profundo sentimento de gratidão para com o meu principal orientador, ***o Dr. K. D. Mevada, Professor e Diretor (Agronomia) e I/C Directore of Research & Dean, PG Studies, Gujarat Natural Farming and Organic Agriicultural University, Anand, pela sua estimada administração*** *e orientação.* ***Mevada, Professor e Diretor (Agronomia) e I/C Directore of Research & Dean, PG Studies****, Gujarat Natural Farming and Organic Agriicultural University, Anand, pela sua estimada administração, orientação, discussão livre e franca, aconselhamento precioso, atitude calma, encorajadora, amigável, sempre pronta e afeto pessoal, pelos quais lhe estou muito grato durante o meu programa de mestrado. Devo-lhe os meus sinceros agradecimentos pela sua maravilhosa orientação, extrema paciência e esforços intangíveis para me proporcionar o ambiente e as instalações de que necessitava para concluir este trabalho com êxito.*

Aproveito esta oportunidade para exprimir o meu profundo sentimento de gratidão ao meu orientador menor, ***Dr. J. K Parmar,*** *Professor Associado, Departamento de Ciência do Solo e Química Agrícola, BACA, AAU, Anand. Um homem que conhecia o infinito no que diz respeito aos aspectos técnicos e que conferiu exatidão à minha tese.*

Quero mostrar a minha gratidão aos membros do meu comité, ***Dr. R. A. Patel,*** *Professor Associado, Direção de Investigação, AAU, Anand, e Dr.* ***D. J. Parmar****, Professor Associado, Departamento de Estatística, BACA, AAU, Anand, sem cuja orientação este manuscrito poderia não ver a luz.*

Agradeço, com o devido respeito, ao ***Dr. K. B. Kathiria****, Hon. Vice-Chanceler da Universidade Agrícola de Anand, Anand; ao* ***Dr. M. K. Jhala****, Diretor de Investigação e Reitor, Faculdade de Estudos de PG e ao* ***Dr. Y. M. Shukla****, Diretor e Reitor, BACA, AAU, Anand, por disponibilizarem as instalações necessárias para a realização do trabalho de investigação*

Agradeço sinceramente ao ***Dr. V. J. Patel****, Chefe do Departamento de Agronomia, e a todos os membros do pessoal do Departamento de Agronomia, em especial aos trabalhadores agrícolas. Curvo a minha cabeça com um enorme respeito e agradecimento aos meus professores,* ***Dr. M. V. Patel, Dr. P. K. Borad, Dr. A. C. Sadhu, Dr. A.D. Kalola, Dr. Vimal Bhatt, Dr. N. J. Jadav, Dr. H. N. Shelat, Ashish Mahera, Dr. Snehal Mishra.***

Diz-se que um amigo em necessidade é, de facto, um amigo. Como primeiro grupo, dois anos de agricultura biológica fizeram amigos espectaculares com colegas de turma - ***Sanat, Kalyani, Ravina e Sandip*** *seriam sempre um trampolim para o slogan da universidade biológica*

: ***Todos os*** *créditos vão para eles por momentos inesquecíveis.*

Como disse Chanakya, considerem na vossa lista de amigos apenas aqueles que vos empurram sempre para cima e nunca vos puxam para baixo. Por sempre me empurrarem para cima, um coração para ***Payal makwana, Ajay Baldaniya*** *sem ele a investigação era impossível. Uma menina dos meus olhos é* ***Jay Italiy, Mobh bhai (Dinesh).***

Deixaste sempre o teu encanto na geração pedigree do currículo -1 deixei o meu em ***Milan, Bhaumik, Virani Parth, Mayank, Ashish, Disha*** *-1 procuro o futuro nos teus olhos.*
Membros do pessoal universitário - ***Chiragbhai, Zalabhai, Manishaben, Sanjaybhai*** *- sempre apreciei o vosso trabalho.*
Por último, mas não menos importante, quero expressar a minha gratidão aos meus queridos pais, ***Smt. Jayaben*** *e* ***Shri. Himatbhai*** *e às minhas queridas irmãs* ***Hemali, Shraddha e Mira****, sem os quais não fui nada, não sou nada e não serei nada. Sempre me apoiaram desde o meu primeiro passo na vida até ao momento atual.*
Acima de tudo, agradeço a Deus Todo-Poderoso as bênçãos derramadas e as ajudas recebidas que me permitiram concluir este trabalho de tese. Expresso o meu infinito sentimento de gratidão à natureza e por me fornecer continuamente energia, o que me inspirou a alcançar a mais alta excelência durante a minha carreira académica e vida. Limite de palavras me obrigou a mencionar todos os nomes neste quadro de reconhecimento, mas eu sou grato a todos aqueles cada pessoa que me apoiou.
Local: Anand
Data :

(Kavad Mahendra H.)

CAPÍTULO 1

1. INTRODUÇÃO

Na Índia, as sementes oleaginosas são o segundo maior produto agrícola depois dos cereais, desenvolvendo-se a um ritmo de 4,1 % por ano nas últimas três décadas. Além disso, a Índia é também a quinta maior economia de óleos vegetais, representando 7,4 % de sementes oleaginosas, 5,8 % de óleos, 6,1 % de produção de farinha de óleo e 9,3 % do consumo de óleo comestível no mundo (Jat *et al.,* 2019). A produção de oleaginosas na Índia abrange uma área de cerca de 26,13 milhões de hectares e uma produção total de mais de 32,52 milhões de toneladas, o que representa 14,5 % da área cultivada bruta e cerca de 10 % do valor total da produção agrícola (Rathod *et al*., 2018).

Entre as sementes oleaginosas, o amendoim (*Arachis hypogaea* L.) é conhecido por ser uma leguminosa única e importante, com uma cultura de sementes oleaginosas da Índia que representa 33% da área mundial de amendoim e cerca de 27,3% da produção. Pertence à família Fabaceae. É também conhecido como amendoim, noz de macaco, noz da terra, noz de manila e goober. É a maior fonte de óleo comestível do mundo e ocupa o 13.º lugarth entre as culturas alimentares (Patel *et al.,* 2018).

É cultivada em regiões tropicais e subtropicais e na parte continental de países temperados (Bhatiya. 1983). A nível nutricional e comercial, é uma fonte muito importante de óleo e de proteínas. É uma cultura polivalente que contém 45% a 51% de óleo comestível hidrogenado de alta qualidade e 26% de proteínas alimentares, 24,2% de hidratos de carbono solúveis e minerais. Os grãos também são ricos em vitamina E, K e todas as vitaminas B, exceto a B12 (Patel *et al.,* 2018). O bolo de amendoim contém 7 a 8% de N, 1,5% de P2O5 e 1,2% de K2O (Poonia *et al.,* 2018).

Os países produtores de amendoim mais importantes do mundo são a China, a Índia, a Nigéria, os EUA, o Sudão e a África Ocidental. A Índia ocupa o primeiro lugar no mundo em termos de área (8,5 milhões de hectares) e o segundo em termos de produção (8,4 toneladas), contribuindo com cerca de 40% da área mundial e 33% da produção, respetivamente. A produção mundial anual total ascende a cerca de 25 milhões de toneladas de nozes sem casca, 70% das quais são contribuídas pela China, Índia e EUA (Mohamad *et al,*. 2018).

A Índia é o segundo maior produtor de amendoim, a seguir à China. O amendoim é a maior semente oleaginosa da Índia em termos de produção. Representou 35,99% da produção de sementes oleaginosas do país em 2007-2008. Cerca de 80 % da superfície total e 84 % da produção total do país estão confinados aos Estados de Gujarat, Andhra Pradesh, Tamil Nadu, Karnataka, Maharashtra, Madhya Pradesh, Uttar Pradesh, Rajasthan, Punjab e Odisha. Gujarat é o maior produtor, contribuindo com 25% da produção total, seguido de Tamil Nadu (22,48%), Andhra Pradesh (18,81%), Karnataka (12,64%) e Maharashtra (10,09%) em 2006-2007 (Thamaraikannan *et al,* 2009).

Em Gujarat, os principais distritos de cultivo são Rajkot, Junagadh, Devbhoomi Dwarka, Jamnagar, Amreli, Bhavnagar, Gir Somnath e Porbandar. O amendoim é cultivado numa área de cerca de 20 lakh hectares, com uma produção total de cerca de 26 lakh toneladas por ano. A produtividade mais elevada do amendoim (1604 kg/ha) regista-se no estado de Tamil Nadu, enquanto em Gujarat a produtividade é de cerca de 1190 kg/ha (Ayyandurai *et al.,* 2011).

Os estrumes orgânicos desempenham um papel vital no aumento da produtividade das leguminosas por vários meios. O estrume de quintal (**FYM**) não só fornece todos os macro e micro nutrientes como também actua como um condicionador do solo. Melhora as propriedades físico-químicas do solo e estimula também as actividades microbianas do solo. É bastante útil, particularmente em situações de disponibilidade limitada de água, uma vez que aumenta a capacidade de retenção de água do solo. O aumento da disponibilidade de nutrientes, especialmente de azoto, também é observado com a aplicação de FYM no solo e é vantajoso pelo seu efeito residual (Rathor *et al.,* 2015).

O vermicomposto é um produto da biodegradação não termofílica de material orgânico pela ação combinada de minhocas e micróbios associados (Pathma e Sakthivel, 2012). É um material altamente fértil, finamente dividido, semelhante à turfa, com elevada porosidade, arejamento, capacidade de retenção de água e baixos rácios C: N (Dominguez e Edwards, 2000). O vermicomposto é constituído principalmente por carbono (C), hidrogénio (H) e oxigénio (O) e possui propriedades notáveis de promoção do crescimento das plantas devido à presença de nutrientes em formas disponíveis para as plantas, tais como nitratos, cálcio, fósforo e potássio (Edwards e Burrows, 1988). A presença de reguladores do crescimento das plantas, tais como auxinas, giberelinas e citocininas de origem microbiana (Tomati *et al.*, 1988). Um aumento significativo das actividades enzimáticas do solo, como a urease, a fosfomonoesterase, a fosfodiesterase e a arilsulfatase, tem sido associado à aplicação de vermicomposto (Albiach *et al.,* 2000). O vermicomposto também possui um potencial de supressão de doenças numa vasta gama de fitopatógenos (Sahni *et al.,* 2008). Vários estudos também relatam que a aplicação de vermicomposto suprime a infeção de pragas de insectos, repele as pragas das culturas e induz resistência biológica nas plantas contra pragas e doenças devido à presença de antibióticos e actinomicetos (Munroe, 2007).

O composto fornece uma matéria orgânica estável que melhora as propriedades físicas, químicas e biológicas dos solos, melhorando assim a qualidade do solo e a produção vegetal, bem como a produtividade agrícola numa base sustentável.

A presença de matéria orgânica no solo é fundamental para manter a fertilidade do solo e diminuir as perdas de nutrientes. Assim, o composto é um bom fertilizante orgânico porque contém nutrientes e matéria orgânica. A matéria orgânica tem um número de papéis importantes a desempenhar nos solos, que melhora tanto na sua estrutura física como como meio para a atividade biológica. Além disso, a matéria orgânica dá a sua maior contribuição para a produtividade do solo. Fornece nutrientes ao solo, melhora a sua capacidade de retenção de água e ajuda o solo a manter uma boa textura e, por conseguinte, um melhor arejamento para a germinação das sementes e o desenvolvimento das raízes das plantas (Edwards e Hailu, 2011).

O composto tem uma quantidade elevada de matéria orgânica, o que aumenta o carbono orgânico no solo. O carbono orgânico no solo não cultivado era mais elevado do que no solo cultivado devido ao efeito do cultivo de plantas e ao aumento da degradação da matéria orgânica no solo cultivado (Soheil *et al.,* 2012).

O estrume orgânico rico em fósforo (PROM) é o fertilizante orgânico rico em fósforo, que é um tipo de fertilizante utilizado como alternativa ao fosfato de di-amónio e ao superfosfato simples. Trata-se de um adubo orgânico rico em fosfato produzido através da co-compostagem de fosfato de rocha de alta qualidade em tamanho fino com adubo orgânico recolhido de várias fontes, tais como FYM, palha de arroz ou trigo, lama de prensa, bolo de *karanj* ou resíduos de indústrias frutícolas e destilarias, *etc.* Bactérias solubilizadoras de fosfato (PSB) e bactérias fixadoras de azoto são adicionadas para melhorar a eficiência. O PROM contém 0,4% de N, 10,4% de P O_{25} , e 7,9% de carbono orgânico (Mihir e Jagadeesh. 2016).

O PROM é uma mistura de estrume orgânico bem compostado e fosfato de rocha de alta qualidade em tamanho muito fino, de 74 a 20 microns, ou de matéria orgânica que pode ser co-composta com fosfato de rocha de alta qualidade em tamanho fino. O PROM funciona tão eficazmente como o DAP e mostra ainda um efeito residual igual, ou seja, funciona também para a segunda cultura subsequente (Mihir e Jagadeesh., 2016).

A cobertura morta é uma cobertura protetora (como palha de culturas, serradura ou composto) espalhada sobre o solo para reduzir a evaporação, manter a temperatura do solo, evitar a erosão, controlar as ervas daninhas e enriquecer o solo, *etc*. Os resíduos das culturas e outros produtos residuais são frequentemente utilizados como cobertura vegetal. Estes resíduos estão disponíveis em abundância na zona de aplicação e nas suas imediações. Reduzem a evaporação, aumentando assim o teor de água no solo. A cobertura morta pela palha da cultura regula a temperatura do solo de forma mais eficaz do que a cobertura sintética, como a película de plástico (Fan *et al.,* 2012).

A necessidade de nutrientes do amendoim *kharif* é baixa, ou seja, 12,5:25:0; N:P:K kg/ha, que pode ser satisfeita através de diferentes fontes orgânicas de nutrientes. Além disso, o uso de cobertura morta também melhora a capacidade de retenção de água do solo e mantém a temperatura do solo, melhorando assim a eficiência do uso de nutrientes. No entanto, há pouco trabalho feito sobre este aspeto e, portanto, um experimento de campo foi realizado para estudar o **"Efeito de diferentes fontes orgânicas e cobertura morta no crescimento, rendimento e qualidade do amendoim (*Arachis hypogaea* L.)"** na Fazenda Agronômica da Faculdade, B. A. College of Agriculture, Anand Agricultural University, Anand durante a estação *kharif* do ano 2021 com os seguintes objetivos:

OBJECTIVOS:

1. Descobrir o efeito de diferentes fontes orgânicas e cobertura vegetal no crescimento e nos atributos de rendimento do amendoim
2. Descobrir o efeito de diferentes fontes orgânicas e da cobertura vegetal no rendimento e na qualidade do amendoim

CAPÍTULO 2

2. REVISÃO DA LITERATURA

Neste capítulo, foi feita uma tentativa de rever a literatura disponível relativa à presente investigação intitulada "Efeito de diferentes fontes orgânicas e da cobertura vegetal no crescimento, rendimento e qualidade do amendoim (*Arachis hypogaea* L.)".

As recentes cultivares de amendoim de alto rendimento são bem conhecidas pela sua reação à aplicação de nutrientes, particularmente adubos orgânicos e cobertura morta. A incorporação de adubos orgânicos, como FYM, vermicomposto, NADEP-Composto e Bangalore-Composto, bem como cobertura morta (palha de trigo), também foi sugerida para melhorar a nodulação e o rendimento das vagens, sustentando assim a produção agrícola.

As investigações efectuadas pelos investigadores foram apresentadas neste capítulo. As análises foram destacadas sob os seguintes títulos.

2.1 EFEITO DE FONTES ORGÂNICAS NOS ATRIBUTOS DE CRESCIMENTO E RENDIMENTO DO AMENDOIM

2.2 EFEITO DAS FONTES ORGÂNICAS NO RENDIMENTO E NA QUALIDADE DO AMENDOIM

2.3 EFEITO DAS FONTES ORGÂNICAS NOS PARÂMETROS DO SOLO DO AMENDOIM

2.4 EFEITO DA COBERTURA VEGETAL NO CRESCIMENTO E NOS ATRIBUTOS DE RENDIMENTO DO AMENDOIM

2.5 EFEITO DA COBERTURA VEGETAL NO RENDIMENTO E NA QUALIDADE DO AMENDOIM

2.6 EFEITO DA COBERTURA VEGETAL NOS PARÂMETROS DO SOLO DO AMENDOIM

2.7 EFEITO DE FONTES ORGÂNICAS NOS ATRIBUTOS DE CRESCIMENTO E RENDIMENTO DO AMENDOIM

Radwan *et al.* (2002) realizaram uma experiência no Departamento de Microbiologia Agrícola, Centro Nacional de Investigação, Cairo, Egito. Relataram que o peso seco de diferentes órgãos do amendoim e o peso fresco dos nódulos aumentaram como resultado da fertilização com resíduos orgânicos isolados ou combinados com biofertilizante, em comparação com o tratamento com fertilizante químico.

Kumar *et al.* (2012) realizaram experiências na Agricultural Research Station, Chintamani Taulk, Karnataka, em solo franco-arenoso vermelho, durante a época de *colheita* de 2008, para desenvolver práticas integradas de gestão de nutrientes orgânicos para um rendimento elevado de amendoim (*Arachis hypogaea* L.) em condições de sequeiro. A altura das plantas, o número de ramos primários por planta, o índice de área foliar aos 90 DAS e 50% de floração e os atributos de rendimento, como o número de vagens por planta, o número de vagens maduras por planta, o peso de 100 grãos, a percentagem de descasque, o rendimento de grãos, a percentagem de grãos maduros sólidos, o rendimento de vagens e o rendimento de lanço do amendoim foram significativamente mais elevados com a aplicação de FYM (7,5 t/ha) +*Rhizobium* + PSB + Panchagavya spray (3% aos 30, 60 e 75 DAS) em comparação com outros tratamentos.

Kumar (2009) realizou uma experiência durante a época de *colheita* de 2008 na Estação de Investigação Agrícola de Balajigapade, Chikkaballapur. O solo é de textura franco-arenosa vermelha, com uma reação ligeiramente ácida. A aplicação de 10 toneladas de FYM +

estrume líquido biodigerido equivalente a 30 kg de N/ha registou uma altura de planta significativamente mais elevada (29,70 cm), número de ramos/planta (5,8), acumulação total de matéria seca (32 g/planta), número de nódulos/planta (52) e parâmetros de rendimento como o número de vagens/planta (26), número de estacas/planta (42), relação estaca/vagem (1,6), absorção de nutrientes.

Naikwade *et al.* (2011) realizaram uma experiência na quinta de investigação Dr. Babasaheb Ambedkar Marathwada University, Aurangabad, para avaliar os efeitos dos compostos de folhas aeróbicos (tanque NADEP) e anaeróbicos (fossa de Bangalore) no crescimento e nos teores de nutrientes do milho forrageiro.

Naikwade *et al.* (2012) realizaram uma experiência na quinta de investigação, em Shibala, Maharashtra, Índia, para avaliar o método de gestão adequada dos resíduos entre diferentes métodos de compostagem e vermicompostagem e o aumento do crescimento, da qualidade e do rendimento do milho forrageiro através da aplicação de estrumes preparados. Os resultados mostram um aumento significativo do crescimento, do rendimento e da qualidade dos nutrientes do milho tratado com estrume orgânico. Os resíduos vegetais têm um grande potencial de utilização como matéria-prima para compostagem e vermicompostagem do que os resíduos agrícolas. A vermicompostagem pelo método do minhocário e a compostagem pelo método aeróbio NADEP deram melhores resultados.

Mathivanan *et al.* (2012) realizaram uma experiência em vaso no Jardim Botânico, Departamento de Botânica, Universidade de Annamalai, Annamalainagar (T. N.) para estudar o efeito do vermicomposto no crescimento e rendimento do amendoim (*Arachis hypogaea* L.). Verificaram que a aplicação de 200 g de vermicomposto por vaso aumenta significativamente o comprimento do rebento/planta (cm), o número de nódulos radiculares/planta, o peso fresco (g/planta) e o peso seco (g/planta) do amendoim.

Biswash *et al.* (2014) realizaram uma experiência no campo experimental da quinta da Sher-e-Bangla Agricultural University, Dhaka, para estudar o efeito do fertilizante potássico e do vermicomposto no crescimento, rendimento e teor de nutrientes do feijão-mungo (BARI Mung 5). As doses de potássio e vermicomposto, bem como as suas interações, mostraram um efeito significativo nos parâmetros de crescimento e rendimento.

Goudar *et al.* (2017) realizaram uma experiência durante a estação *kharif* do ano 2013 no AICRP em Agricultura de Terras Secas, Gandhi Krishi Vignana Kendra, Universidade de Ciências Agrícolas, Bangaluru, Índia. Revelou que, entre todos os tratamentos, a aplicação de FYM (10 MT/ha) registou um rendimento de grãos significativamente mais elevado (1761 kg/ha) em comparação com a aplicação de resíduos de milho a 5 MT/ha (1365 kg/ha).

Patil *et al.* (2017) realizaram uma experiência na secção de Agronomia, Faculdade de Agricultura, Dhule, em solo argiloso e revelaram que a aplicação de 100 % de FTR através de fertilizantes inorgânicos + 5 toneladas de FYM (T3) registou atributos de crescimento das plantas significativamente mais elevados, *a* saber altura da planta, dispersão da planta, matéria seca, número de ramos/planta, área foliar e número de nódulos/planta, número de vagens/planta, peso de vagens secas/planta, peso de 100 grãos, percentagem de descasque, rendimento de vagens secas/ha e rendimento de cascas secas/ha, que foi significativamente superior ao dos outros tratamentos.

Ramakrishna *et al.* (2016) realizaram uma experiência na Faculdade de Agricultura, Rajendranagar, Hyderabad, num solo franco-argiloso arenoso. Os resultados mostraram que os parâmetros de crescimento, ou *seja*, ramos por planta, número de nódulos, peso seco aos 30 e 60 DAS foram significativamente mais elevados com 100 % de RDN através de vermicomposto enriquecido com fosfato de rocha a 3 % e foi igual a 100 % através de vermicomposto à base de cogumelos aos 30 DAS. Os dias para 50% de floração foram significativamente menores com a aplicação de vermicomposto preparado a partir de fosfato de rocha 3% e substrato gasto de cogumelo equivalente a 100% de RDN. O número de três, duas vagens com sementes, vagem, amêndoa e rendimento de óleo foi significativamente maior com a aplicação de 100% RDN através de vermicomposto enriquecido com fósforo e vermicomposto baseado em substrato gasto de cogumelos.

Sadeghi *et al.* (2014) realizaram uma experiência num lote de uma aldeia chamada "kourka" para examinar o efeito do estrume fosfatado e micorrízico e a sua interação com o vermicomposto no desempenho e nos componentes da planta de amendoim. Os resultados da regressão por etapas revelaram que as caraterísticas efectivas no desempenho do amendoim incluíam o número de sementes por metro quadrado e o peso de 100 sementes. A interação entre o estrume fosfatado e o vermicomposto teve o melhor desempenho com 60 kg de estrume fosfatado e 10 toneladas de vermicomposto com 3134 kg/ha.

Oroka, (2015) realizou uma experiência no ano 2008-09, no sul da Nigéria. Os resultados mostraram um aumento significativo na altura das plantas, no número de folhas e no rendimento de matéria seca de sementes e de lâminas de amendoim com vermicomposto em relação ao fertilizante mineral e ao controlo. Sugeriu-se que o vermicomposto à base de Eichhornia crassipes/estrume animal fosse adotado como adubo orgânico para melhorar o desempenho das culturas.

Manoharan e Ganesamoorthi, (2015) realizaram experiências no ST.E.T Women's College, Sundarakkottai, Thiruvarur (Dt), Tamil Nadu. A inoculação combinada de biocomposto e vermicomposto pode melhorar os parâmetros morfológicos, como a altura da planta, o número de folhas, o número de nódulos, o comprimento dos rebentos, o comprimento das raízes e o número de raízes. Em comparação com todos os tratamentos, a inoculação combinada de vermicomposto + biocomposto (T3) mostrou uma melhor resposta em todos os parâmetros testados.

Ravikumar *et al.* (2019) realizaram uma experiência durante o ano de 2015-16 no campo do agricultor, aldeia de Adagapadi, distrito de Dharmapuri, Tamilnadu, em franco-arenoso, para estudar o efeito da gestão integrada de nutrientes no rendimento do amendoim irrigado cultivado em solo franco-arenoso. Os resultados das experiências revelaram que a aplicação de FTR 17:34:54 kg/ha+ Gesso @ 400 kg/ha + vermicomposto @ 6,25 t/ha + *rizóbio* + Fosfobactéria @ 2 kg/ha como aplicação no solo (T8) teve uma influência positiva em todo o fornecimento constante de nutrientes e substâncias promotoras de crescimento e acabou por aumentar os atributos de crescimento, nomeadamente altura da planta, LAI, DMP e número de nódulos/planta, componentes de rendimento e parâmetros de rendimento e qualidade do amendoim, nomeadamente teor de óleo e teor de proteína bruta.

Ramakrishna *et al.* (2016) realizaram uma experiência durante a estação *kharif* do ano de 2014 na Faculdade de Agricultura, Rajendranagar, Hyderabad, num solo franco-argiloso arenoso. Os resultados mostraram que os parâmetros de crescimento (altura da planta, índice de área foliar, produção de matéria seca), atributos de rendimento e produção de vagens de amendoim foram maiores com a aplicação de 100% de RDN através de vermicomposto enriquecido com fosfato de rocha a 3%.

Sarade *et al.* (2016) realizaram uma experiência no AICRP sobre o amendoim de verão, Rahuri (M.S.) em solo franco-argiloso arenoso para estudar o efeito da gestão integrada de nutrientes no crescimento, rendimento e qualidade do amendoim de verão. Os resultados indicaram que a aplicação da dose geral recomendada de fertilizante (GRDF) (25:50:00 N, P2O5, K2O kg/ha + 5 t FYM/ha) registou os caracteres de crescimento mais elevados, nomeadamente, altura da planta, dispersão da planta, número de ramos/planta, número de folhas funcionais/planta, área foliar e matéria seca/planta e caracteres que contribuem para o rendimento, *nomeadamente* número de pinos aéreos/planta, número de vagens desenvolvidas/planta, peso de 100 grãos, percentagem de descasque, peso de vagens secas/planta e peso de grãos/planta, o que resultou no rendimento máximo de vagens secas (44,2 q/ha) e de cascas secas (48,8 q/ha) de amendoim. Os parâmetros de qualidade do amendoim de verão, nomeadamente o teor de óleo (48,42%), o rendimento de óleo (1406 kg/ha), o teor de proteína (24,52%) e o rendimento de proteína (713 kg/ha) também foram mais elevados com a aplicação da dose geral recomendada de fertilizante (GRDF) (25:50:00 N, P2O5, K2O kg/ha + 5 t FYM/ha).

Vedpathak *et al.* (2016) realizaram uma experiência sobre os efeitos de fertilizantes orgânicos e químicos nas caraterísticas de crescimento e rendimento da cebola (*Allium Cepa* L) na Universidade de Solapur, Solapur, Maharashtra, Índia. Os resultados mostraram que o comprimento mais elevado das folhas (cm/planta), o peso de um único bolbo (gm/planta), a produção de bolbos (kg/parcela), a biomassa vegetal/planta foram máximos com a aplicação de vermicomposto.

Aechra *et al.* (2017) realizaram uma experiência em vaso em 2015 na S.K.N. College of Agriculture, Jobner, durante a época *da colheita,* em solo de areia argilosa. Os resultados indicam ainda que a aplicação da fonte de fósforo PROM registou os nódulos totais e eficazes máximos e significativamente mais elevados, o índice de nódulos, o número de vagens por planta, o número de sementes por vagem, o rendimento de grãos, o rendimento de palha e a massa radicular do feijão-frade em relação ao resto dos tratamentos.

Nagaraj *et al.* (2018) realizaram uma experiência para estudar a gestão integrada de nutrientes no amendoim durante o *Rabi* do ano de 2015 na Estação Zonal de Investigação Agrícola e Hortícola, Brahmavar, distrito de Udupi, Karnataka, em solo arenoso. Os resultados da experiência revelaram que, aos 80 DAS, a prática recomendada de nutrientes + 50 por cento de RDN através do tratamento aplicado com vermicomposto resultou num número significativamente mais elevado de nódulos (61,13).

Lunagariya *et al.* (2018) realizaram uma experiência na quinta biológica certificada da Universidade Agrícola de Navsari, Navsari, durante a época de *rabi* do ano 2016-2017, para estudar o efeito dos produtos biológicos no crescimento, rendimento, qualidade e economia do feno-grego. A aplicação do composto NADEP @ 5 t/ha registou uma altura de planta significativamente mais elevada, número de ramos/planta, biomassa verde, número de vagens/planta, número de sementes/vagem, peso de teste, teor de proteínas nas sementes, rendimento de sementes e palha. Em caso de interação, a aplicação combinada do composto NADEP @ 5 t/ha e da seiva enriquecida do pseudocaule da bananeira @ 5 L/ha registou um rendimento significativamente mais elevado de sementes e palha de feno-grego.

Donga e Mathukia, (2019) realizaram uma experiência na Universidade Agrícola de Junagadh, Junagadh (Gujarat) em solo argiloso durante as estações *de kharif* do ano 2019 e 2020 sobre a resposta do amendoim (*Arachis hypogaea* L.) ao vermicomposto enriquecido com biofertilizantes, bioagentes e micronutrientes. Os resultados indicaram que a maior altura de planta (35,64 cm), número de ramos por planta (8,11), número de nódulos de raiz por planta (154,5) aos 45 dias após a sementeira (DAS), peso seco de nódulos de raiz por planta aos 45 DAS (0,982 g), número de vagens maduras por planta (18,40), peso de vagem por planta (15,37 g), peso de 100 grãos (44,08 g) e percentagem de descasque (73.16%), com o maior rendimento de vagens (2,305 t/ha) e rendimento de cascas (3.889 t/ha) foram alcançados pela aplicação de vermicomposto 2 t/ha + biofertilizantes (*rhizobium* + Bactérias Solubilizadoras de Fosfato + Bactérias Solubilizadoras de Potássio cada 2 L/ha) + *trichoderma harzianum* 3 kg/ha + *pseudomonas fluorescens* 3 L/ha + *beauveria bassiana* 3 kg/ha + micronutrientes (Fe + Zn + Cu + Mn) grau V a 40 kg/ha.

Priya *et al.* (2021) realizaram uma experiência sobre o "efeito do solo e da aplicação foliar de chá de composto nos caracteres de crescimento, na qualidade e no teor de nutrientes da soja [*Glycine max* (L.) Merrill]", numa cultura realizada na Quinta Biológica, RCA, Udaipur, para obter conhecimentos sobre os efeitos influentes do solo e da aplicação foliar de chá de composto nos caracteres de crescimento, na qualidade e na economia da soja sob cultivo biológico. Os resultados obtidos descreveram os efeitos positivos do chá de composto no crescimento, na qualidade e no estado dos nutrientes na cultura da soja.

2.8 EFEITO DAS FONTES ORGÂNICAS NO RENDIMENTO E NA QUALIDADE DO AMENDOIM

Masih *et al.* (2004) realizaram um estudo na aldeia de Anooppura, Rajasthan, Índia, em solos de areia argilosa. Os resultados experimentais revelaram que a compostagem de rocha fosfática de alto grau proporcionou o maior rendimento de vagens de amendoim, *ou seja,* 29,81 q/ha.

Reddy *et al.* (2005) realizaram uma experiência na quinta da faculdade, Faculdade de Agricultura, Rajendranagar, Hyderabad, num solo franco-arenoso. Os resultados mostram que o teor mais elevado de proteínas (9,16%) e o rendimento proteico (471 kg/ha) do grão de milho na colheita foram registados no tratamento T7 (75% RDFN + 25% N através de VC + 100% P_2O_5). O rendimento de óleo mais elevado (378 kg/ha) foi registado no tratamento T9 (75% RDFN + 25% N através de PM + 75% P_2O_5).

Ravichandra *et al.* (2015) realizaram uma experiência durante a época de *kharif* do ano de 2006 na parte oriental de Uttar Pradesh, em SHIATS, Allahabad, Índia, num solo franco-arenoso. Revelaram que o efeito de interação entre o enxofre e a aplicação de FYM mostrou resultados significativos em todos os parâmetros estudados. Registou-se uma maior produção de vagens, índice de sementes, peso de 100 vagens e percentagem de casca quando as plantas receberam 20 kg de S/ha + 10 t de FYM/ha juntamente com a dose recomendada de fertilizante.

Basu *et al.* (2008) realizaram uma experiência na quinta de investigação do Instituto Indiano de Tecnologia, Kharagpur, WB, Índia, num solo laterítico ácido de textura franco-arenosa com PH 5,3. Estudaram o crescimento, a fixação de azoto, o rendimento e a qualidade do grão de amendoim em resposta aos níveis de cal, fertilizante orgânico e inorgânico e revelaram que a aplicação integrada de FYM + CF melhorou significativamente o teor de azoto dos nódulos (12,4%), o rendimento do grão (19,3%), a composição mineral, o teor de óleo (4,8%) e o teor de proteínas (28,2%).

Nawab *et al.* (2011) realizaram uma experiência na Estação de Investigação Agrícola. Revelaram que o padrão de cultivo do feijão-frade-trigo parece ser mais sustentável em termos de rendimento em condições de sequeiro e que a utilização de FYM, K e Zn deve ser incluída nas abordagens de gestão integrada das culturas para uma produção agrícola sustentável.

Basak *et al.* (2013) realizaram uma experiência no Instituto Indiano de Investigação Veterinária (IVRI), Izatnagar (Uttarakhand). As três fontes orgânicas utilizadas nesta experiência foram o vermicomposto, o composto NADEP e a FYM. A qualidade do grão foi significativamente superior com o composto NADEP a 5 t/ha.

Ullasa *et al.* (2018) realizaram uma experiência no Organic Farming Research Centre, UAHS, Shivamogga, Karnataka, Índia, para estudar o efeito das práticas de gestão de nutrientes orgânicos no crescimento e rendimento do feijão (*Dolichos lablab* L.) em solos franco-arenosos. Entre os diferentes tratamentos de gestão de nutrientes, a aplicação da dose recomendada de FYM (7,5 t/ha) juntamente com vermicomposto equivalente a 100 por cento de N (2 t/ha) registou um rendimento significativamente mais elevado de vagens secas (13,2 q/ha) e de sementes (9,32 q/ha) em comparação com os restantes tratamentos. Da mesma forma, também se registou um maior número de vagens por planta (23,1 vagens/planta) e um maior rendimento por planta (15,9 g/planta) com o mesmo tratamento.

Kamdi *et al.* (2014) relataram que a aplicação de vermicomposto + *rizóbio* em combinação com o tratamento de sementes com *Trichoderma* aumenta a percentagem de germinação (94,5%), o comprimento das plântulas (18,40 cm), o peso seco das plântulas (0,39 g) e o índice de vigor (1738,43), a percentagem de descasque (76,40%), o teor de proteínas (29%) e o teor de óleo (43,20%) em comparação com outros tratamentos.

Joshi *et al.* (2015) realizaram uma experiência no Departamento de Ciências Botânicas e Ambientais da Universidade Guru Nanak Dev, Amritsar, Índia. Relataram que a aplicação de vermicomposto aumentou a germinação das sementes, a altura do caule, o número de folhas, a área foliar, o peso seco das folhas, o comprimento das raízes, o número de raízes, o rendimento total, o número de frutos/planta, o teor de clorofila, o pH do sumo, o SST do sumo, os micro e macro nutrientes, o teor de hidratos de carbono (%) e de proteínas (%) e melhorou a qualidade dos frutos e das sementes.

Sarade *et al.* (2016) realizaram uma experiência no AICRP com amendoim de verão, M.P.K.V., Rahuri (M.S.), em solo franco-argiloso arenoso. Os resultados indicaram que a aplicação da dose geral recomendada de fertilizante (GRDF) (25:50:00 N, P2O5, K2O kg/ha + 5 t FYM/ha) registou os caracteres de crescimento mais elevados e os parâmetros de qualidade foram mais elevados com a aplicação da dose geral recomendada de fertilizante (GRDF) (25:50:00 N, P2O5, K2O kg/ha + 5 t FYM/ha).

Sekhar *et al.* (2014) realizaram uma experiência na Estação Regional de Investigação Agrícola, Chintapalli, em solo argilo-arenoso. Os resultados revelaram que a aplicação de composto de casca de café a 4 t/ha + 80-60-50 kg NPK/ha registou o maior rendimento de grãos (6252 kg/ha), de palha (5416 t/ha) e de absorção de nutrientes (99,4 kg N/ha).

Chaudhary *et al.* (2015) realizaram uma experiência de campo na Universidade Agrícola de Sardarkrishinagar Dantiwada, em Sardarkrushinagar, num solo de areia argilosa, para estudar o efeito da gestão integrada de nutrientes nos atributos de crescimento e rendimento do amendoim de verão em 2012. Os resultados revelaram que o rendimento significativamente mais elevado de vagens (2650 kg/ha), o rendimento de lanço (4633 kg/ha) e os parâmetros de crescimento e rendimento foram registados sob o tratamento.

Das *et al.* (2015) realizaram uma experiência na exploração agrícola de Uttar Banga Krishi Viswavidyalaya, Pundibari, Cooch Behar, Bengala Ocidental, para investigar o efeito do vermicomposto enriquecido com fósforo na produção de amendoim em condições de regadio. A produção mais elevada de vagens foi obtida em T7, que recebeu 150% de fósforo através de vermicomposto enriquecido com fosfato de rocha de grau I (2400,50 kg/ha).

Dhonde *et al.* (2019) realizaram uma experiência em estudos de campo durante 2 anos (2015-16 a 2016-17) num solo argiloso no IFSRP, Rahuri. O tratamento 50% N através de FYM +

50% N através de vermicomposto registou um rendimento significativamente maior, qualidade e absorção de nutrientes na cebola do que o resto dos tratamentos.

Goverdhan & Ramanjaneyulu (2015) realizaram uma experiência na Estação Regional de Investigação Agrícola, Palem, distrito de Mahabubnagar, estado de Telangana, num solo franco-arenoso, para estudar o efeito de alterações orgânicas e materiais de cobertura vegetal na produtividade e economia do amendoim. Os resultados revelaram que se obteve um número significativamente mais elevado de vagens produtivas/planta, peso de 100 sementes e rendimento de vagens de amendoim (1854 kg/ha) devido à incorporação de FYM @ 10 t/ha.

Saini *et al.* (2015) efectuaram uma investigação em condições de média montanha em Himachal Pradesh. Os resultados revelaram que o número de vagens/planta foi significativamente mais elevado nas parcelas com himcomposto (HC) 5,0 t/ha em comparação com outros tratamentos. O HC 5,0 t/ha registou um número significativamente mais elevado de sementes/vagem do que todos os outros tratamentos, seguido de perto pelo vermicomposto 10,0 t/ha.

Sutariya *et al.* (2015) realizaram uma experiência no distrito de Banaskatha, no estado de Gujarat. O tratamento (FYM 5 t/ha) registou significativamente o valor mais elevado para a maioria dos parâmetros de crescimento e rendimento. Observou-se uma produção significativamente mais elevada de vagens (2626 kg/ha) e de lâminas (4475 kg/ha) de amendoim no tratamento de aplicação de 5 t/ha de FYM.

Umadevi *et al.* (2018) realizaram uma experiência na quinta de sequeiro do S.V. Agricultural College, Tirupati, durante a estação *kharif* do ano de 2015, num solo franco-arenoso. Entre as várias fontes orgânicas testadas, o fornecimento de 100% de N através de FYM registou atributos de rendimento e rendimento significativamente mais elevados.

Khaswan *et al.* (2016) realizaram uma experiência na quinta de instrução da Faculdade de Agricultura de Rajasthan, Udaipur, durante a estação *Kharif* de 2009 e 2010 em solos argilosos médios. Os resultados revelaram que a aplicação de diferentes fontes de fósforo, SSP superou DAP e PROM no rendimento combinado (q / ha) de grãos (25,12), palha (36,23) e biomassa total (61,35); CGR (g / m^2 / dia) entre 3060 DAS (11.22) e 61-90 DAS (10,94); teor de clorofila total aos 45 DAS (2,26%) e 60 DAS (2,76%); LAI aos 45 DAS (1,51) e 60 DAS (3,42) e folhas verdes/planta aos 45 DAS (11,77) e 60 DAS (21,35).

Sharma *et al.* (2016) realizaram uma experiência durante a época de *kharif* do ano 2013-14 na Dryland Farming Research Station, Bhilwara, Rajasthan, em solo arenoso, para estudar o efeito de fontes de nutrientes orgânicos na produtividade e rentabilidade do amendoim (*Arachis hypogaea* L.). As fontes orgânicas que compreendem a aplicação combinada de vermicomposto @ 1 t/ha e 0,35 t/ha de fosfato de rocha produziram um número significativamente maior de vagens/planta (18,33), número de nódulos/planta (13,11), peso de vagens/planta (13,43 g), peso de teste (36,39 g) e percentagem de descasque (54,06), rendimento de vagens (1377 kg/ha), rendimento de halum (2944 kg/ha) de amendoim.

Patel *et al.* (2020) realizaram uma experiência na Fazenda Orgânica Certificada da Universidade Agrícola de Navsari, Navsari, durante a estação *rabi* dos anos 2017-18 e 2018-19 para estudar o efeito de diferentes níveis de adubos NADEP no conteúdo de nutrientes e na qualidade de diferentes culturas. Os resultados da experiência revelaram que o tratamento que recebeu uma maior quantidade de composto NADEP registou um maior teor de parâmetros de qualidade.

Patra *et al.* (2017) realizaram uma experiência na Instructional Farm of Uttar Banga Krishi Viswavidyalaya, Pundibari, Cooch Behar, Bengala Ocidental, Índia, num solo franco-arenoso com pH 5,45, para estudar o efeito direto e residual dos produtos orgânicos na sequência de culturas de amendoim (*Arachis hypogeae* L.) - milho (Zea mays L.). Os resultados demonstram que a aplicação combinada de estrume de aves de capoeira (PM), bagaço de neem (NC), vermicomposto (VC) e fosfocomposto (PC) melhorou a produção de vagens de amendoim em 0,20 e 0,14 t/ha em relação a 100% de FTR.

Verma *et al.* (2017) realizaram uma experiência no Departamento de Horticultura, Janta College Bakewar, Etawah (C.S.J.M. University, Kanpur) durante o ano de 2013-14, para avaliar o efeito integrado de vários níveis de adubos orgânicos e fertilizantes inorgânicos no crescimento, rendimento e atributos de rendimento do rabanete cv. Kalyanpur Safed. O comprimento da raiz, os diâmetros da raiz, o peso da raiz e da folha, o peso total/planta, o rendimento/parcela, o rendimento q/ha também aumentaram com o aumento dos níveis de adubos orgânicos e fertilizantes inorgânicos.

Choubey *et al.* (2018) realizaram uma experiência durante a estação *Kharif* do ano de 2015 na quinta agrícola de Mahatma Gandhi Chitrakoot Gramodaya Vishwavidyalaya, Chitrakoot, satna (M.P) em solo franco-arenoso para avaliar os diferentes adubos orgânicos como vermicomposto @ (5 t/ha) FYM @ (10 t/ha) NADEP @ (10 t/ha) no crescimento e rendimento da grama verde. Observou-se que o rendimento máximo de grãos foi encontrado nos tratamentos (T9) vermicomposto @ 5 t/ha registou um rendimento de grãos significativamente maior (693 kg/ha) sobre FYM (T3) @ 10t/ha. (691 kg/ha), enquanto que o (T3) registou um rendimento de sementes significativamente mais elevado (691 kg/ha) entre todos os tratamentos.

Prabhudeva. (2018) realizaram uma experiência na Faculdade de Agricultura, Hassan, UAS, Bangalore, para avaliar a influência das práticas integradas de gestão de nutrientes com adubação verde in situ no crescimento e rendimento da batata. A investigação revelou que, entre as combinações de tratamento, 100% RDF + 25 t/ha de composto + adubação verde in situ com feijão-frade registou um peso de tubérculo significativamente mais elevado (207,1 g/planta), número de tubérculos (7,2 plantas), rendimento de tubérculos (17,26 t/ha), teor de amido (77,8%) e teor de proteína bruta (13,3%) na colheita.

Bairwa *et al.* (2019) realizaram uma experiência no Instituto de Investigação Agrícola do Rajastão, em Durgapura, Jaipur, durante o ano de 2013, para estudar o efeito do estrume orgânico rico em fósforo (PROM) na sequência de culturas de trigo e feijão-agrário. Os resultados mostraram que foi obtido um rendimento equivalente de trigo significativamente mais elevado (7 Mg/ha) para a aplicação de 3,5 Mg/ha de PROM.

Bekele *et al.* (2019) realizaram uma experiência no Departamento de Fitotecnia, Faculdade de Agricultura e Silvicultura de Bedele, Universidade de Mettu, Etiópia. Os resultados revelaram que o crescimento, os atributos de rendimento e os rendimentos foram significativamente afectados pelo efeito principal e pelas interações dos tratamentos. O maior rendimento de vagens obtido com a aplicação combinada de 46:46 kg N: P2O5/ha e 2,5 t de vermicomposto/ha.

Vyshnavi *et al.* (2021) realizaram uma experiência sobre o rendimento e os atributos de rendimento do amendoim durante a estação *Rabi* do ano 2020. A experiência foi realizada na Agricultural College Farm, Bapatla, num solo franco-argiloso arenoso. Os resultados indicaram que a aplicação combinada de fertilizante inorgânico + FYM + biofertilizante se revelou significativamente superior à aplicação de FYM e biofertilizantes isoladamente.

Chavan *et al.* (2019) realizaram uma experiência sobre o "efeito do vermicomposto, do fosfato de rocha, do PSB e de diferentes bioprodutos no rendimento e na economia do amendoim (*Arachis hypogea* L.)", realizada na quinta do Departamento de Agronomia,

Faculdade de Agricultura, Dapoli, distrito de Ratnagiri. Maharashtra, Índia, num solo franco-argiloso arenoso. Os resultados experimentais em dados combinados revelaram que a cultura de amendoim cultivada sob 50 kg de N através de vermicomposto + 50 kg de P2O5 através de fosfato de rocha + bactérias solubilizadoras de fosfato (PSB) registou um rendimento significativamente mais elevado de vagens secas (39,99 q/ha), rendimento de grãos (29,22 q/ha), rendimento de peles (48,70 q/ha).

Pareek *et al.* (2020) realizaram uma experiência na Estação de Investigação Agrícola, Swami Keshwanand Rajasthan Agricultural University, Bikaner, Rajasthan, num solo de textura arenosa com PH 8,4. Revelaram que a aplicação de estrume de quintal aumentou significativamente o teor de óleo, o rendimento em óleo e o teor de proteínas do amendoim.

Bairwa *et al.* (2021) realizaram uma experiência no Instituto de Investigação Agrícola do Rajastão, em Durgapura, Jaipur, durante o período de 2013 a 2016, num solo de areia argilosa, para estudar o efeito do estrume orgânico rico em fósforo (PROM) na sequência de culturas de feijão-trigo. Os resultados mostram que o maior equilíbrio de P (83 kg/ha), a eficiência agronómica relativa e o índice de rendimento sustentável (0,69) foram registados no tratamento RD de NK + 3,5 Mg/ha PROM.

Naikwade (2021) realizou uma experiência em Devrukh, Maharashtra, para estudar a influência de diferentes estrumes preparados a partir de uma erva daninha comum, *Celosia argentea* L., no rendimento de espinafres (Spinecia oleracea L.), um vegetal de folha popular. A utilização de estrume de Celosia aumentou a produtividade dos espinafres, tendo a aplicação de vermicomposto de Celosia sido mais eficaz no aumento do rendimento dos espinafres.

2.9 EFEITO DAS FONTES ORGÂNICAS NOS PARÂMETROS DO SOLO DO AMENDOIM

Patra *et al.* (2011) realizaram experiências de campo durante as estações *pré-kharif* do ano 2008-09 de amendoim (*Arachis hypogaea* L.) na região de terai de Bengala Ocidental e revelaram que o estrume de aves de capoeira 2,5 t/ha + bolo de neem 2,5 t/ha + vermicomposto 2,5 t/ha + fosfocomposto 2,5 t/ha deu 2,08 toneladas de rendimento de vagem/ha. A aplicação de adubos orgânicos resultou na melhoria do carbono orgânico do solo, N, P e K disponíveis no solo em comparação com a dose recomendada de fertilizantes ou com o controlo.

Lenin *et al.* (2013) realizaram uma experiência em Agricultural Land, Vadakkumangudi, na Universidade de Annamalai, Tamilnadu. Revelaram que, entre os tratamentos, o T12 - 5 toneladas ha^{-1} VC + AMF aumentou o teor de todos os nutrientes das plantas de amendoim. O vermicomposto é considerado rico em azoto, fósforo, potássio e micronutrientes.

Khaswan *et al.* (2014) realizaram uma experiência em Udaipur durante as épocas de *kharif* do ano 2009 e 2010 em solo argiloso na cultura da soja. Os resultados revelaram que o N do solo acumulado significativamente mais elevado foi registado sob PROM (294,93 kg/ha).

Mahrous *et al.* (2015) realizaram uma experiência na estação do deserto de experiências agrícolas da Universidade do Cairo em Wadi EI-Natroon, província de EI-Behaira, Egito, num solo arenoso salino. Eles relataram que a cultivar Gregory mostrou os valores mais altos de número de vagens / planta (49,4), peso de vagens / planta (58,9 g), índice de sementes (57,5 g), peso de sementes / alimentação (1,193 ton), óleo de semente (53,05 %), proteína de semente (26,75 %), P de semente (0,50 %) e K de semente (2,63 %) foram resultantes de 1/2 NPK + 12 toneladas de composto + Bio fertilizante com a cultivar Gregory.

Babu *et al.* (2016) realizaram uma experiência na Agricultural Research Station, Acharya NG

Ranga Agricultural University, Anantapur -515 001, Índia, num solo de textura franco-arenosa. Revelaram que foram registadas existências de carbono orgânico significativamente mais elevadas de 12,31 t/ha no tratamento com 50% FTR+FYM @ 4t/ha. Foi registada uma produção de vagens significativamente mais elevada em metade do FTR+FYM @ 4 t/ha (937 kg/ha).

Sireesha *et al.* (2017) realizaram uma experiência no Departamento de Ciência do Solo e Química Agrícola, Faculdade de Agricultura, PJTSAU, Rajendranagar, Hyderabad, Índia e revelaram que o maior rendimento de amendoim foi obtido em 50% dos fertilizantes NPK recomendados, juntamente com 4 t de tratamento FYM/ha. O carbono orgânico, o teor de N, P e K disponíveis no solo foram significativamente melhorados com a utilização de 50% RD de NPK + 4 t FYM/ha.

Sipai *et al.* (2018) realizaram uma experiência na Estação Regional de Investigação, SDAU, Bhachau, Kachchh em solo franco-arenoso para estudar diferentes módulos no rendimento, absorção e propriedades físico-químicas do solo após a colheita de feijão-traça (*Vigna aconitifolia* L.). Os resultados revelaram que a aplicação de fósforo no solo através de composto enriquecido através de PROM + VAM @ 40 kg/ha) registou um maior rendimento em comparação com o controlo.

2.10EFEITO DA COBERTURA VEGETAL NO CRESCIMENTO E NOS ATRIBUTOS DE RENDIMENTO DO AMENDOIM

Khurshid *et al.* (2006) realizaram uma experiência na área de investigação, Instituto de Ciências do Solo e do Ambiente, Universidade de Agricultura, Faisalabad, para avaliar o efeito de diferentes sistemas de lavoura e níveis de cobertura morta nas propriedades físicas do solo e no crescimento do milho. A cobertura morta afectou significativamente as propriedades físicas do solo e o crescimento do milho. O teor de humidade do solo (18,43%), o teor de matéria orgânica (0,88%), a altura da planta (217,67 cm), a matéria seca total (27,18 Mg/ha), o número de espigas por planta (1,06), o número de grãos por espiga (610,55) e o peso de 1000 grãos (398.68 g) do milho foram máximos quando a cobertura morta foi aplicada a 12 Mg/ha, enquanto que os valores máximos de rendimento de grãos (5,77 Mg/ha) e densidade aparente do solo (1,53 Mg/m^3) foram obtidos quando a cobertura morta foi aplicada a 8 Mg/ha e no controlo, respetivamente.

Jafari *et al.* (2012) realizaram uma experiência na estação de investigação de figos de Estahban, no Irão, entre 2009 e 2010. Os resultados revelaram que as superfícies do solo tratadas com cobertura vegetal indicaram que a aplicação de coberturas adequadas teve impactos positivos no número e na largura das folhas, na taxa de crescimento em comprimento e no diâmetro dos rebentos e na qualidade dos frutos. Os resultados foram significativamente positivos ($P<0,05$) e a disponibilidade de coberturas de casca de amêndoa (AS) e palha de trigo (WS) na região.

Din *et al.* (2013) realizaram uma experiência na quinta de investigação da Universidade de Agricultura de Peshawar. Os resultados mostraram que a combinação de cobertura morta de palha de trigo e arado de aiveca seguido de rotavator se revelou frutuosa no aumento da altura das plantas, da produção de milho e da biomassa seca em condições de sequeiro.

Parmar *et al.* (2013) realizaram uma experiência com melancia (*Citrullus lanatus*) cv. Kiran na Fruit Research Station, "Lalbaugh", Department of Horticulture, College of Agriculture, J.A.U., Junagadh, para estudar o efeito de diferentes materiais de cobertura vegetal no crescimento, rendimento e qualidade da melancia cv. Kiran. Todos os caracteres de crescimento, rendimento e qualidade da planta foram superiores com a prata em cobertura de polietileno preto.

Yan *et al.* (2018) realizaram uma experiência durante o ano de 2013 no Instituto de Investigação do Arroz da Universidade Agrícola de Sichuan, Chengdu, China (30°35N, 103°45'E), num solo franco-arenoso. Os resultados indicam que a cobertura morta de palha de trigo promoveu significativamente o crescimento das raízes, aumentou a acumulação de matéria seca nos períodos de crescimento subsequentes e melhorou o rendimento dos grãos e a qualidade do arroz.

Moundal *et al.* (2020) realizaram uma experiência na Universidade Agrícola Bidhan Chandra Krishi Viswavidhyalaya em Nadia, WB, Índia. Relataram que o maior número de nódulos radiculares ocorreu no tratamento que recebeu 75% da dose recomendada de azoto com suplementação de *rizóbio* sob cobertura de polietileno.

2.11EFEITO DA COBERTURA VEGETAL NO RENDIMENTO E NA QUALIDADE DO AMENDOIM

Gill *et al.* (1999) realizaram uma experiência em Ludhiana, na Índia, num solo franco-arenoso, para estudar a resposta da *curcuma* (*Curcuma longa*) ao azoto em relação à aplicação de estrume de quintal e de palha de trigo. O estudo revelou que a aplicação de palha de trigo melhorou significativamente o crescimento e o rendimento da curcuma.

Ghosh *et al.* (2006) efectuaram experiências em Vadhavi e na aldeia de Zanjarda, no distrito de Junagadh. Concluíram que o mulch de palha (trigo ou arroz) produziu mais vagens (17-24%) e rendimentos de haulm (16%) de amendoim do que o mulch de polietileno (preto ou transparente).

Adamaviciene *et al.* (2009) realizaram uma experiência com uma argila siltosa na Estação Experimental da Universidade de Agricultura da Lituânia. Os resultados revelaram que a cobertura morta de palha aumentou significativamente o rendimento e a qualidade da beterraba sacarina: ramificação das raízes, sacarose, sódio, potássio e teores de azoto alfa-amino. A produtividade mais elevada da cultura da beterraba sacarina foi observada nas seguintes condições: monda manual, cobertura com palha ou nas parcelas com cobertura viva de colza.

Chavan *et al.* (2009) realizaram uma experiência na Faculdade de Engenharia e Tecnologia Agrícola, Universidade Agrícola de Marathwada, Parbhani, num solo argiloso. Os resultados revelaram que o aumento do rendimento de grãos da cultura de sorgo com cobertura morta de resíduos de cana-de-açúcar, cobertura morta de palha de trigo, cobertura morta de palha de soja e operação de intercultura em relação ao controlo (sem cobertura morta) foi de 12,64%, 9,06%, 7,46% e 3,74%, respetivamente.

Khan *et al.* (2011) realizaram uma experiência no Agricultural Research Institute Tarnab, Peshawar, para investigar a eficácia de várias medidas de controlo de ervas daninhas na cultura do milho. Revelaram que o rendimento máximo de grãos foi registado com Primextra Gold 720SC, polietileno (preto), monda manual e polietileno (branco), com um rendimento de grãos de 2,98, 2,48, 2,06 e 2,03t/ha, respetivamente.

Shen *et al.* (2012) realizaram experiências de campo na Estação Experimental da Universidade Agrícola de Shandong, no norte da China, num solo argiloso e leve. Estes resultados indicaram que, em condições de sequeiro no norte da China, a cobertura morta com palha pode aumentar o rendimento dos cereais.

Alami-Milani *et al.* (2013) realizaram uma experiência na quinta de investigação da Faculdade de Agricultura da Universidade de Tabriz, no Irão, para investigar o efeito de diferentes tratamentos de stress hídrico e da cobertura morta de palha no rendimento e nos componentes do rendimento da lentilha (*Lens culinaris*). Os resultados deste estudo mostraram e concluíram que a irrigação da lentilha após 70 mm de evaporação da classe a e a aplicação de 2 toneladas/ha de cobertura morta é a melhor combinação para a produção de lentilhas.

Shah *et al.* (2013) realizaram uma experiência na quinta de investigação do Instituto de Ciências do Solo e do Ambiente, Universidade de Agricultura, Faisalabad, Paquistão. Os resultados mostraram que o método de sementeira em cama, juntamente com a cobertura morta de palha de trigo, aumentou o índice de área foliar do trigo em 5 a 16% e o do milho em 4 a 14%, o peso máximo de 1000 grãos (50,5 g) do trigo e do milho (439,2 g), o rendimento de grãos do trigo (5017 kg/ha) e do milho (10,6 Mg/ha).

Aechra *et al.* (2015) realizaram uma experiência na Faculdade de Agricultura Sri Karan Narendra, Jobner, em 2015, durante a estação *kharif*, utilizando o feijão-frade como cultura de ensaio. Os resultados revelaram que a combinação de CE 1,22 dS/m + (PROM) estrume orgânico rico em fósforo + biofertilizantes (bactérias solubilizadoras de fósforo + micorriza arbuscular vesicular) foi superior em todos estes parâmetros (rendimento e absorção total de nutrientes) em relação ao controlo.

Jain *et al.* (2017) estudaram a melhoria da produtividade, a eficiência do uso da água e a dinâmica dos nutrientes do solo no amendoim de verão (*Arachis hypogaea* L.). Os resultados mostraram que a utilização de cobertura morta e de 2,5 kg de hidrogel/ha e a gestão integrada de nutrientes melhoraram os rendimentos de vagens, cascas, amêndoas e óleo, bem como os rendimentos económicos líquidos. A produtividade parcial dos factores e a eficiência da utilização da água foram mais elevadas com a cobertura morta de polietileno e 5,0 kg de hidrogel/ha.

Yin *et al.* (2016) realizaram uma experiência na Estação Experimental de Wuwei da Universidade Agrícola de Gansu, no noroeste da China, em terras desérticas. Os resultados mostraram que o sistema de culturas intercalares em combinação com filme plástico e cobertura morta de palha pode ser um sistema eficaz para aumentar a produtividade das culturas através da melhoria dos componentes de rendimento e do LAI com recursos limitados em ambientes áridos.

Maurya *et al.* (2017) realizaram uma experiência no Departamento de Agronomia, Instituto de Ciências Agrícolas, BHU, Varansi (UP). Os resultados mostraram que a aplicação de cobertura morta de palha de arroz registou a absorção máxima de NPKS, o rendimento do grão e do lombo.

Ahmad *et al.* (2020) realizaram uma experiência na área de investigação do Departamento de Agronomia da Universidade Islamia de Bahawalpur, num solo do tipo franco-arenoso. Os resultados revelaram que as coberturas do solo suprimem as ervas daninhas e influenciam significativamente os atributos de rendimento, bem como os teores de nutrientes dos grãos.

2.12EFEITO DA COBERTURA VEGETAL NOS PARÂMETROS DO SOLO DO AMENDOIM

Arshad *et al.* (2009) realizaram uma experiência num solo franco-argiloso arenoso para avaliar o efeito da cobertura morta nas propriedades físicas do solo e na concentração de N, P e K no milho. A cobertura morta aumentou a matéria orgânica do solo (1,32 g/kg) e o teor de humidade do solo (17%), mas diminuiu a densidade aparente (1,35 Mg/m^3) e a resistência do solo (464 kPa). Concluíram que a palha de trigo como cobertura morta em conjunto com a lavoura profunda melhora a saúde física do solo e a qualidade das culturas.

Sinkeviciene *at al.* (2009) realizaram uma experiência no Jardim Pomológico da Universidade de Agricultura da Lituânia em 2005-2008. Os resultados revelaram que as coberturas orgânicas diminuíram significativamente a temperatura do solo. As parcelas cobertas com cobertura morta também tinham um teor de humidade do solo mais elevado durante todo o período experimental. O teor de humidade do solo mais elevado verificou-se nas parcelas cobertas com turfa ou serradura. Foi estabelecida a tendência de uma maior quantidade de fósforo disponível no solo em parcelas com cobertura morta em 2005-2006. Foi estimado o efeito positivo da cobertura vegetal de relva no potássio disponível no solo. A cobertura morta diminuiu a densidade das ervas daninhas.

Zhang *et al.* (2014) realizaram uma experiência em terrenos salinos recuperados de planícies de maré costeiras no norte da província de Jiangsu, na China. Os resultados mostraram que a capacidade de retenção de água capilar (CHC), o teor de água saturada (SWC) e a densidade aparente (BD) foram significativamente afectados pela aplicação de FYM e de cobertura morta, especialmente na camada de solo de 0-10 cm.

Kashif *et al.* (2018) realizaram uma experiência na Northwest A&F University, China, em Yangling, província de Shaanxi, num solo franco-argiloso. O tratamento FS + N (cobertura morta de palha completa à taxa de 5000 kg/ha com 172 kg N/ha) aumentou significativamente o armazenamento de água no solo num período de seca durante as fases de crescimento das culturas e promoveu o crescimento das plantas juntamente com o aumento da evapotranspiração. Os níveis de cobertura morta foram superiores aos de N e compensaram as necessidades de azoto do trigo.

Sadek *et al.* (2019) realizaram uma experiência no Local de Cultivo Protegido EL-Bosaily, Laboratório Central para o Clima Agrícola (CLAC), Centro de Investigação Agrícola (ARC), 15 Km a oeste de Roseta, em estufa. Os resultados indicaram que, de um modo geral, a aplicação de tratamentos de cobertura vegetal orgânica foi a mais eficaz na redução da temperatura máxima e mínima do solo, melhorou as propriedades do solo (pH do solo, matéria orgânica do solo, teor de humidade do solo, densidade aparente do solo, condutividade eléctrica e disponibilidade de N. P. K.), melhorou a percentagem de azoto, fósforo, potássio, cálcio e magnésio nas folhas, deu maiores valores de caracteres de frutos, tais como (peso médio e firmeza do fruto), aumentou os componentes químicos dos frutos, ou seja, (T.S.S e ácido ascórbico) e a produtividade máxima tanto para o rendimento inicial como para o rendimento total. Finalmente, o tratamento com palha de trigo teve o maior efeito em todos os parâmetros.

Pandian *et al.* (2020) realizaram uma experiência de campo na Dry land Agricultural Research Station, Chettinad, Índia, num solo ácido. Estudaram os efeitos do método de preparação da cama de sementes (SBPM) e da cobertura morta com resíduos de culturas (CRM) nas propriedades físico-químicas do solo, no crescimento, na produção e nos atributos de rendimento do amendoim. O teor de humidade do solo foi mais elevado sob compartimentação (CB) e cama elevada (RB) com CRM do que sob cama plana (FB). A densidade aparente do solo foi consideravelmente menor em CB e RB com CRM (1,36 e 1,37 Mg/m^3) em comparação com FB (1,39 Mg/m). O carbono da biomassa microbiana do solo (SMBC) foi maior em CB e RB com CRM (563 e 542 mg/kg de solo, respetivamente) do que em FB com e sem CRM. O RB com aplicação de CRM continha mais estoque de carbono orgânico do solo (SOC) (3,1 Mg/ha) do que o FB. O CB com CRM resultou em maior rendimento de amendoim (1.604 kg/ha) e eficiência de uso da água da chuva (5,8 kg/ha/mm) do que o FB com e sem CRM; RB e RF com CRM foram intermediários.

CAPÍTULO 3

3. MATERIAIS E MÉTODOS

Este capítulo trata dos pormenores dos materiais utilizados durante o curso da investigação e dos métodos adoptados na condução da presente investigação intitulada "Efeito de diferentes fontes orgânicas e da cobertura vegetal no crescimento, rendimento e qualidade do amendoim (*Arachis hypogaea* L.)".

3.1 SÍTIO EXPERIMENTAL

O presente estudo foi realizado durante a estação *kharif* do ano 2021 na College Agronomy Farm, BACA, Anand Agricultural University, Anand (Gujarat) na cultura do amendoim.

3.2 CLIMA E CONDIÇÕES METEOROLÓGICAS

Geograficamente, Anand está situada a 22^0 35' N de latitude, 72^0 55' E de longitude, com uma elevação de 45,1 m acima do nível médio do mar. O clima desta região é semi-árido e subtropical devido ao facto de Anand se encontrar a cerca de 70 km da costa do Mar Arábico. A monção começa na terceira semana de junho e retira-se em meados de setembro, com uma precipitação média de 864 a 870 mm, inteiramente proveniente da corrente da monção do sudoeste. Em geral, a precipitação é adequada nesta região, mas é muito comum a ausência parcial de chuva uma vez em cada três ou quatro anos. julho e agosto são os meses de precipitação intensa e não há precipitação no inverno e no verão em quase todas as partes de Gujarat. A estação do inverno começa e prolonga-se até meados de fevereiro, sendo dezembro e janeiro os meses mais frios do ano. A temperatura mínima média durante o inverno varia entre 12 °C e 27 °C, enquanto *o verão* é quente e seco, começando em meados de fevereiro e terminando no mês de junho. abril-maio é o mês mais quente, com a temperatura máxima média a rondar os 38 °C a 41 °C.

As observações sobre os parâmetros meteorológicos para o período de investigação da estação *kharif* do ano 2021 foram registadas no observatório meteorológico da Universidade Agrícola de Anand, Anand. De acordo com os dados apresentados no quadro 3.1, as condições meteorológicas foram consideradas favoráveis ao crescimento normal da cultura do amendoim.

Tabela 3.1: Parâmetros meteorológicos registados durante a época de colheita *(kharif,* 2021) (média de Weeldy)

Dias e meses		Padrão Met. Semana	Temperatura (^{0}C) Máximo	Mínimo	Brilho do sol brilhante (hrs./dia)	H.R. médio (%)	Velocidade do vento (km/hr.)	Precipitação (mm)	Precipitação acumulada (mm)
junho de 2021	04-10	23	38.5	23.8	10.0	50	4.3	0.0	0.0
	11-17	24	39.3	24.0	9.5	55.5	3.7	0.0	0.0
	18-24	25	39.4	26.1	9.0	50	4.2	0.0	0.0
	25-30	26	39.6	26.3	10.4	52	4.7	0.0	0.0
julho	01-	27	35.6	25.8	4.8	65.5	7.4	130.0	130.0

de 2021	**08**								
	09-15	28	35.7	27.0	10.3	68.5	6.2	0.0	130.0
	16-22	29	36.3	27.5	9.9	67.5	7.9	0.0	130.0
	23-29	30	36.4	27.1	10.2	68	5.5	63.6	193.6
Ago, 2021	**30-05**	31	37.3	27.8	9.7	70	7.9	49.2	242.8
	06-12	32	31.0	25.8	2.0	84.5	4.9	178.6	421.4
	13-19	33	33.9	26.3	6.0	73	6.1	52.2	473.6
	20-26	34	35.8	27.7	9.2	67	7.2	0.0	473.6
	27-02	35	35.9	27.4	6.3	73.5	5.4	8.4	481.0
Set, 2021	**03-09**	36	33.9	27.1	3.5	80	5.7	10.4	491.4
	10-16	37	31.0	26.4	0.4	60.5	6.5	93.0	585.4
	17-23	38	30.5	26.3	0.3	80.5	8.4	5.6	591.0
	24-30	39	33.0	26.6	3.7	72	5.8	0.0	591.0
Out, 2021	**01-07**	40	33.5	26.1	6.1	75.5	5.5	5.6	596.6
	08-14	41	31.2	26.0	1.7	79.5	4.6	1.0	597.6
	15-21	42	33.2	25.6	4.2	83.5	4.6	82.8	680.4
	22-28	43	32.7	26.3	4.3	82	4.7	13.4	693.8

3.3 CARACTERÍSTICAS DO SOLO

O solo do sítio experimental é de areia argilosa e conhecido localmente como solo "*Goradu*". O solo é aluvial por natureza de origem, muito profundo, bem drenado e bastante retentivo de humidade. O solo responde bem a fertilizantes, adubos e irrigação. O solo é adequado para uma vasta gama de culturas cultivadas em regiões tropicais e subtropicais. Foi recolhida uma amostra composta de solo da parcela experimental n.º 10 a uma profundidade de 0-15 cm antes da sementeira. Foi analisada para determinar as propriedades físico-químicas do solo e apresentada no Quadro 3.2.

3.4 HISTORIAL DE CULTURAS DA PARCELA EXPERIMENTAL

Os pormenores relativos ao historial das culturas e dos estrumes aplicados na parcela A10 com certificação biológica durante os últimos três anos são apresentados no Quadro 3.3.

3.5 PORMENORES EXPERIMENTAIS

Os pormenores das técnicas experimentais e do esquema utilizado para a investigação sobre o **"Efeito de diferentes fontes orgânicas e da cobertura vegetal no crescimento, rendimento e qualidade do amendoim (*Arachis hypogaea* L.)"** foram descritos a seguir.

3.5.1 Pormenores dos tratamentos

Dez tratamentos com diferentes fontes orgânicas e cobertura morta foram incluídos na experiência. Os pormenores dos tratamentos são apresentados no Quadro 3.5.

As amostras de estrume de quintal (FYM), vermicomposto, NADEP-Composto, Bangalore-Composto e PROM utilizadas na experiência foram recolhidas e analisadas quanto aos parâmetros químicos que são apresentados no Quadro 3.6

Quadro 3.2: Propriedades físico-químicas do solo (0-15 cm) da parcela experimental

Sr. Não.		Propriedades do solo	Valores à profundidade do solo (0-15 cm)	Métodos utilizados	Referência
1.	PROPRIEDADES FÍSICAS				
	Fração mecânica (%)			Método Internacional de Pipetas	(Piper, 1966)
	(a)	Areia grossa	0.60		
	(b)	Areia fina	81.00		
	(c)	Silte	11.20		
	(d)	Argila	7.2		
	( )[e]	Classe textural	Areia argilosa		
2.	PROPRIEDADES QUÍMICAS				
	(a)	pH do solo (1:2.5, rácio solo : água)	7.80	Método potenciométrico	Richard (1954)
	(b)	Condutividade eléctrica (dS/m) a 25 C^0	0.30	Método condutimétrico	Richard (1954)
	(c)	Carbono orgânico (%)	0.33	Oxidação húmida com ácido crómico	Walkley e Black (1934)
	(d)	N disponível (kg/ha)	208	Método alcalino KMnO4	(Subbiah e Asija, 1956)
	( )[e]	P2O5 disponível (kg/ha)	28.50	0,5 M $NaHCO_2$ (pH 8,5), espetrofotómetro	Olsenetrz/. (1954)
	(f)	K disponível$_2$ O (kg/ha)	270	1 NH_4 OAC (pH 7,0) Fotómetro de chama	(Jackson, 1973)
	(g)	Contagem microbiana (CFU/g)	1,4 X IO^3	Método de diluição em série	Dhingra & Sinclair, (2017)
	(h)	B D (g/cc)	1.34	Amostrador de núcleo/ Picnómetro	Black e Hartage (1986)

Tabela: 3.3. História da parcela

Ano	Época	Cultura	Nutriente aplicado através de fontes orgânicas (kg/ha)		
			N	P2O5	K2O
2018-19	*Quaresma*	Grama verde	20	40	0
	Rabi	Lucerna	20	40	40
	verão	Continuar (Iucern)			
2019-20	*Quaresma*	Milho	120	60	0

	Rabi	Lucerna	20	40	40
	verão	Continuar (lucern)			
2020-21	*Quaresma*	Feijão de cacho	25	50	0
	Rabi	Lucerna (Anand 2)	20	40	40
	verão	Lucerna	20	40	40
2021-22	*Quaresma*	Experiência atual (amendoim)			

Quadro 3.5: Breve descrição do tratamento efectuado

Tratamento	Descrição
Fator F=Estratos orgânicos	
Fo	Sem estrume (Controlo)
F1	100% N através de FYM
F2	100% N através de vermicomposto
F3	100% N através do NADEP-Composto
F4	100% N através de Bangalore-Compost
Fator M = Palha	
Mo	Sem cobertura vegetal
M1	Cobertura morta com palha de trigo a 2,5 t/ha

Nota: 1. Todos os adubos orgânicos foram aplicados 15 dias antes da sementeira nos respectivos tratamentos

2. A dose recomendada de fósforo (25 kg/ha) foi aplicada uniformemente através do PROM, exceto nas parcelas de controlo (Fo).

Tabela 3.6: Composição química dos estrumes utilizados na experiência

Parâmetros	FYM	Vermicomposto	NADEP-Composto	Bangalore-Composto	PROM	Métodos adoptados
Teor de azoto (%)	0.63	2.03	0.95	0.45	-	Método de digestão KjeldahPs (Jackson, 1973)
Teor de fósforo (%)	0.34	1.67	1.20	0.30	10	Método da cor amarela do ácido fosfórico vanadomolíbdico (Jackson, 1973)
Teor de potássio (%)	0.70	2.42	2.30	0.50	-	Fotometria de chama (Jackson, 1973)

3.6.2 Conceção e esquema experimental

O desenho experimental seguido na presente investigação foi o Desenho de Blocos Aleatórios com conceito Fatorial (F-RBD). Os tratamentos foram replicados quatro vezes e atribuídos aleatoriamente em cada replicação. A Fig. 3.7 mostra a planta do esquema com a distribuição dos tratamentos

3.7 CARACTERÍSTICAS PRINCIPAIS DA VARIEDADE

A variedade de amendoim GG 34 (Gujarat Groundnut 34) foi selecionada para sementeira na experiência. Foi lançada em 2018 pela Estação de Investigação Regional, Universidade Agrícola de Anand, Anand (Gujarat) para cultivo geral em condições de regadio no estado de

Gujarat. Amadurece em 111-125 dias. As caraterísticas importantes desta variedade são apresentadas no Quadro 3.4.

Quadro 3.4 Caraterísticas agronómicas da variedade de amendoim GG-34

N.º Sr.	Dados	Caraterísticas
A) Informações de carácter geral		
1.	Nome botânico	*Arachis hypogaea* spp. *Fastigiata* var. *vulgaris*
2.	Ano de lançamento	2018
3.	Tipo botânico	espanhol
4.	Centro de origem	AAU, Anand
5.	Parentesco	TG - 26 x ICGU - 00380
B) Mor	**caracteres psicológicos**	
1.	Hábito de crescimento	Cacho ereto
2.	Cor padrão das pétalas	Amarelo escuro
3.	Cor do folheto	Verde escuro
4.	Forma do folheto	Elíptico obovado
5.	Descasque (%)	67.96
6.	Dias até à germinação	7
7.	Dias para a floração inicial	25
8.	Dias médios até ao vencimento	111-125
9.	Potencial de rendimento	3715 kg/ha
C) Resistência a pragas/doenças		
1.	Tripes e Jassídeos	Baixa
2.	Mancha foliar precoce	Baixa
3.	Ferrugem	Baixa
4.	Mancha foliar tardia	Muito baixo
D) Qualidade		
1.	Cor dos grãos	Vermelho rosa
2.	Óleo (%)	52.82
3.	Proteína (%)	26.38

3.8 OUTROS PORMENORES EXPERIMENTAIS

1. **Desenho experimental** : Desenho de blocos aleatórios (Fatorial)
2. **Número de réplicas :** 04 (Quatro)
3. **Número de tratamentos :** 10 (Dez)
4. **Número total de parcelas :** 40 (Quarenta)
5. **Tamanho do terreno:**
   a) Dimensão bruta do terreno: 3,60 m x 5,00 m
   b) Tamanho líquido do terreno: 2,70 m x 4,00 m
6. **Taxa de sementeira :** 120 kg/ha
7. **Espaçamento :** 45 x 10 cm
8. **Método de sementeira** : Perfuração
9. **Fertilizante (N: P: K)** : 12,5 :25:00 (NPK) kg/ha
10. **Época e ano :** *Kharif*, 2021
11. **Cultura e variedade :** Amendoim, GG 34

12. **Data de sementeira :** 17/06/2021
13. **Data da colheita :** 26/10/2021
14. **Irrigações :** Como e quando necessário

PORMENORES DA ACÇÃO CULTURAL

3.8.1 Operações culturais antes da sementeira

3.8.1.1 Preparação do terreno

Após a colheita da cultura anterior, o campo experimental foi cultivado com um cultivador puxado por um trator no sentido transversal. Os restolhos da cultura anterior foram recolhidos e removidos e o campo foi nivelado. As sequências de operações efectuadas no campo durante a época de cultivo são apresentadas no (Quadro 3.7).

3.8.1.2 Aplicação de FYM, vermicomposto, NADEP-Compost, BangaloreCompost e PROM.

Antes da sementeira da cultura, foram abertos manualmente sulcos pouco profundos de cerca de 7-8 cm de profundidade com a ajuda de um "kudali" em cada parcela. A quantidade de FYM, Vermicomposto NADEP-Composto, Bangalore-Composto e PROM, foi aplicada de acordo com os tratamentos e foi aplicada uniformemente nas respectivas parcelas de tratamento.

Quadro 3.7: Calendário das operações durante o período experimental

Sr. Não.	Operações no terreno	Frequência	Data
A. Operações de pré-sementeira			
1.	Preparação do terreno	Um	05/06/2021
2.	Disposição do campo	Um	05/06/2021
3.	Amostragem do solo (inicial)	Um	05/06/2021
4.	Aplicação de uma dose basal de fertilizantes (à base de N) sob a forma de adubos orgânicos de acordo com o tratamento	Um	05/06/2021
B. Operações de sementeira e de manutenção			
1.	Semeadura	Um	17/06/2021
2.	Preenchimento de lacunas	Um	27/06/2021
3.	Mulching	Um	28/06/2021
4.	Irrigações		
	a. Primeira irrigação (após a sementeira)	Dois	17/06/2021
	b. Segunda irrigação		29/06/2021
5.	Interculturalidade	Um	04/07/2021
6.	Monda manual	Um	05/07/2021
7.	Irrigação do solo com *Trichoderma* @ 2,5 kg/ha, *Psuedomonas* @ 2,5 kg/ha e *Metarhizium anisopliae* @ 2,5 kg/ha	Um	20/07/2021
8.	Colheita (arranque de plantas)	Um	26/10/2021
9.	Amostragem do solo (após a colheita)	Um	26/10/2021
10.	Amostragem de plantas	Um	26/10/2021
11.	Debulha	Um	02/11/2021

3.8.2 Operações culturais após a sementeira

3.8.2.1 Taxa de sementeira, espaçamento, tratamento de sementes e sementeira

Antes da sementeira, os canteiros são nivelados e marcados com um espaçamento de 45 cm e as sementes de amendoim da variedade GG 34 foram semeadas a 3-5 cm de profundidade, seguidas da cobertura dos sulcos com uma taxa de sementeira de 120 kg/ha. A irrigação ligeira foi aplicada imediatamente após a sementeira para uma melhor germinação, seguida de mais uma irrigação para um melhor estabelecimento da cultura.

3.8.2.2 Deservagem

Foram feitas tentativas para manter o campo experimental livre de ervas daninhas durante toda a época de cultivo. Seguiu-se uma intercultura aos 20 DAS e uma monda manual.

3.8.2.3 Irrigação

No total, foram aplicadas duas irrigações, a primeira irrigação imediatamente após a sementeira para garantir a germinação adequada das sementes e a segunda dez dias após a sementeira.

3.8.2.4 Medidas fitossanitárias

Durante a experiência, não se observaram doenças graves ou ataques de pragas durante todo o período de vida da cultura. No entanto, como medidas de precaução, foi feita a pulverização do solo com *Trichoderma viride, Psuedomonas fluorescens* e *Metarhizium anisopliae* à taxa de 2,5 kg/ha, respetivamente, para controlar a podridão do caule, a podridão do carvão e a larva branca, respetivamente, e *Lecanicillium lecanii* foi pulverizado para o controlo de pragas sugadoras.

3.8.2.5 Colheita e debulha

Cinco plantas selecionadas aleatoriamente foram colhidas separadamente de cada parcela de rede para registar observações e o seu produto foi adicionado à respectiva parcela separada da planta manualmente. As vagens e o lanço foram completamente secos ao sol durante cinco dias e a produção de vagens e lanço secos foi registada para cada parcela da rede. Posteriormente, procedeu-se à debulha e os grãos de cada parcela foram limpos, pesados e convertidos numa base hectorial.

3.9 RECOLHA E TRATAMENTO DE AMOSTRAS

3.9.1 Amostragem do solo

Após a colheita do amendoim, foram recolhidas amostras representativas do solo a 0-15 cm de profundidade em cada parcela. As amostras de solo foram preparadas combinando aleatoriamente solo de quatro locais diferentes. Para análise posterior, as amostras foram guardadas em sacos de algodão revestidos de polietileno.

3.9.2 Amostragem de plantas

Após a colheita da cultura, foram colhidas amostras de vagens de amendoim e de cascas para análise. As amostras foram secas em sacos de papel numa estufa de ar quente a 65°C até se obter um peso constante.

3.10OBSERVAÇÕES EXPERIMENTAIS

As observações experimentais foram registadas em cinco plantas selecionadas aleatoriamente de cada parcela de rede e marcadas para registar os parâmetros de crescimento e de rendimento. Os pormenores dos parâmetros de crescimento, atributos de rendimento, rendimento e qualidade estudados durante a investigação são apresentados no Quadro 3.8.

3.10.1 Parâmetros de crescimento

3.10.1.1 População de plantas (por metro de comprimento de linha)

A população de plantas foi registada aos 20 DAS e na colheita em cinco locais de cada parcela da rede. O número de plantas por metro de comprimento de linha foi registado e o valor médio foi calculado para cada parcela.

3.10.1.2 Altura da planta (cm)

A altura da planta desde o nível do solo até à ponta da planta foi registada aos 30, 60 DAS e na colheita para cinco plantas marcadas ao acaso em cada parcela da rede e o valor médio foi calculado e registado separadamente.

3.10.1.3 Número de ramos/planta

Os ramos subsidiários dos rebentos principais foram contados a partir de cinco plantas selecionadas em cada parcela, na altura da colheita. O valor médio de cinco plantas foi calculado e registado.

3.10.1.4 Peso seco de nódulos/planta (mg/planta)

O peso seco dos nódulos radiculares foi registado em continuação das cinco plantas já selecionadas aleatoriamente para a contagem do número de nódulos radiculares por planta aos 45 DAS. Estas cinco plantas foram arrancadas cuidadosamente juntamente com o solo, as raízes foram lavadas com água limpa num balde para remover as partículas de solo aderentes. Em seguida, os nódulos foram contados e retirados das raízes para pesagem. Os nódulos obtidos das plantas foram secos em estufa a 65^0 C durante 72 horas em estufa de ar quente e o peso seco foi registado com a ajuda de uma balança eletrónica como peso seco de nódulos radiculares por planta.

3.10.1.5 Biomassa seca da planta (g/planta)

As mesmas cinco plantas desenraizadas da linha anelar foram secas na estufa e pesadas individualmente.

3.10.1.6 Biomassa seca da raiz (g/planta)

As raízes das mesmas cinco plantas selecionadas aleatoriamente da linha circular foram secas na estufa e pesadas individualmente.

3.10.1.7 Comprimento da raiz (cm)

O comprimento das raízes das mesmas cinco plantas foi medido.

3.10.2 Atributos de rendimento e rendimento

3.10.2.1 Número de vagens/planta

O número total de vagens foi contado para cinco plantas marcadas na altura da colheita e a sua média foi calculada.

3.10.2.2 Rendimento de vagens (kg/ha)

Os produtos de cada parcela foram debulhados separadamente, limpos e a produção de vagens foi registada por parcela e depois calculada por hectare, de acordo com o tratamento.

3.10.2.3 Rendimento do lanço (kg/ha)

Após a debulha, as plantas, juntamente com as cascas, foram pesadas e o peso total por parcela de rede foi registado como rendimento a granel e depois calculado por hectare, de acordo com o tratamento.

3.10.2.4 Descasque (%)

Uma amostra composta de 100 g foi retirada aleatoriamente do grosso das vagens secas de cada parcela da rede e descascada. A relação entre o peso dos grãos e o peso das vagens foi calculada e expressa em percentagem.

3.10.2.5 Índice de sementes (g)

Foram retiradas aleatoriamente amostras representativas de grãos do produto a granel de cada parcela da rede, contaram-se 100 grãos da amostra e registou-se o seu peso (g) para cada tratamento.

3.10.2.6 Índice de colheita (%)

O índice de colheita é a relação entre o rendimento económico e o rendimento biológico. Foi calculado utilizando a seguinte fórmula (Donald e Hamblin, 1976).

$$\frac{\text{Rendimento económico (kg/ha)}}{\text{Rendimento biológico (kg/ha)}}$$

Quadro 3.8: Observações registadas durante o inquérito

Sr. Não.	Parâmetros	Tamanho da amostra	Tempo de observação
(A) Parâmetros de crescimento			
1.	População de plantas	Por metro de comprimento de linha	20 DAS e na colheita
2.	Altura da planta (cm)	Cinco plantas por parcela de rede	30, 60 DAS e na colheita
3.	N.º de ramos/planta	Cinco plantas por parcela de rede	Na colheita
4.	Peso seco de nódulos radiculares por planta (mg)	Cinco plantas de linhas de fronteira	A 45 DAS
5.	Biomassa seca da planta (g)	Cinco plantas de linhas de fronteira	A 45 DAS
6.	Biomassa seca da raiz (g)	Cinco plantas de linhas de fronteira	A 45 DAS
7.	Comprimento da raiz (cm)	Cinco plantas de linhas de fronteira	A 45 DAS
(B) Atributos de rendimento e rendimento			
8.	Número de vagens por planta	Cinco plantas da parcela líquida	Na colheita
9.	Produção de vagens (kg/ha)	Da trama líquida	Após a colheita
10.	Rendimento a granel (kg/ha)	Da trama líquida	Após a colheita
11.	Descasque (%)	-	Após a colheita
12.	Índice de sementes (g)	Peso de 100 sementes	Após a colheita
13.	Índice de colheita (%)	-	Após a colheita
(C) Parâmetro de qualidade			
14.	Teor de proteínas (%)	Amostra composta de cada parcela de rede	Após a colheita
15.	Teor de óleo (%)	Amostra composta de cada parcela de rede	Após a colheita
(D) Análise de plantas			
16.	Teor de nutrientes (N, P e K) na semente e no lanço	Amostra composta de cada parcela de rede	Após a colheita
(E) Análise do solo			
17.	Estado do solo em termos de CE, pH, CO (%), OM, BD (g/cc), N disponível, P O_{25} e K_2 O (kg/ha)	Amostra composta da parcela experimental	Antes da sementeira e depois da colheita
18.	População microbiana (CFU/g de solo)	Amostra da parcela experimental	Antes da sementeira e depois da colheita

3.11 PARÂMETRO DE QUALIDADE

3.11.1 Teor de óleo da amêndoa (%)

O teor de óleo nos grãos foi determinado pelo método de ressonância magnética nuclear (RMN), como sugerido por Tiwari *et al.* (1974).

3.11.2 Teor proteico da amêndoa (%)

O teor de proteínas nas sementes foi calculado multiplicando o teor de azoto das sementes (%) pelo fator de conversão de 6,25, tal como referido por Gupta *et al.* (1972).

3.12MÉTODOS DE ANÁLISE

3.12.1 Análise do solo

As amostras de solo processadas foram analisadas quanto a propriedades importantes do solo, *nomeadamente* pH, CE (1:2,5; rácio solo: água), carbono orgânico (OC %), matéria orgânica (OM), BD (g/cm^3) e nutrientes disponíveis, *nomeadamente* N, P2O5 e K2O, determinados de acordo com os métodos normalizados, sendo a análise do solo descrita no Quadro 3.2

3.12.2 Análise das instalações

As amostras de plantas secas (casco e amêndoa) foram trituradas num moinho de aço inoxidável e digeridas numa mistura de diácidos (HNO_3 : $HClO_4$ - 4:1) e o volume foi completado com água duplamente destilada (Lindsay e Norvell 1978). O extrato foi filtrado em papel de filtro Whatman n.º 42. O filtrado das amostras de plantas foi utilizado para a análise de micronutrientes no Espectrofotómetro de Absorção Atómica, descrito no Quadro 3.9

Quadro 3.9: Métodos utilizados para a análise das plantas

N.º Sr.	Parâmetros	Método de extração	Referências
1.	Nitrogénio	Método de Kjeldahl	Jackson. (1973)
2.	Fósforo	Método da cor amarela do ácido fosfórico vanadomolíbdico	Jackson. (1973)
3	Potássio	Fotometria de chama	Jackson. (1973)

3.13ANÁLISE ESTATÍSTICA

A análise estatística dos dados dos vários caracteres avaliados na investigação foi efectuada por sistema informático no centro informático, Department Of Statistics, B. A. College of Agriculture, Anand, utilizando o procedimento adequado ao desenho da experiência, tal como indicado por Panse e Sukhatme (1967).

O teste "F" foi utilizado para determinar a significância das diferenças. Foi utilizado um nível de significância de cinco por cento para testar a significância dos resultados. A diferença crítica foi calculada quando as diferenças entre os tratamentos foram consideradas significativas pelo teste "F". Apenas nas restantes situações foi calculado o erro padrão das médias. Para determinar a extensão da variação dentro dos blocos, foi calculado o coeficiente de variação.

3.14ECONOMIA

O custo da cultura foi determinado tendo em conta todas as despesas efectuadas. O rendimento bruto foi determinado multiplicando o rendimento da semente e do grão da cultura pelo preço de mercado na altura. O rendimento líquido ('/ha) e o rácio custo-benefício foram calculados com a ajuda da seguinte fórmula:

Rendimento líquido ('/ha) = Rendimento bruto ('/ha) - Custo de cultivo ('/ha)

Realização bruta ('/ha)

Rácio B:C =

Realização bruta ('/ha)

CAPÍTULO 4

4. RESULTADOS E DISCUSSÃO

Os resultados obtidos na presente investigação, intitulada **"Efeito de diferentes fontes orgânicas e da cobertura vegetal no crescimento, rendimento e qualidade do amendoim (*Arachis hypogaea* L.)"**, realizada durante a época de *colheita* do ano de 2021 na Quinta Agronómica, B. A. College of Agriculture, Anand Agricultural University, Anand, Gujarat, são apresentados neste capítulo.

O desempenho das culturas em termos de crescimento e desenvolvimento é claramente um resultado da composição genética da planta. No entanto, os factores fisiológicos e ambientais que afectam o desenvolvimento e as funções de produção têm de ser estudados e devidamente compreendidos. Além disso, certas práticas agronómicas são também responsáveis pelo aumento do rendimento da cultura. Entre todos os factores que se sabe determinarem o rendimento da cultura, a gestão dos nutrientes e os estudos de cobertura vegetal tornaram-se um aspeto importante da investigação para aumentar a produtividade do amendoim.

Os resultados sobre os atributos de crescimento e rendimento, rendimento, parâmetros de qualidade, teor de nutrientes na planta, estado nutricional do solo e economia, influenciados por diferentes fontes orgânicas e cobertura morta, juntamente com inferências estatísticas, são apresentados em tabelas e discutidos neste capítulo.

Os resultados também foram representados graficamente, sempre que necessário. O resumo da análise de variância destes parâmetros é apresentado no apêndice II.

4.1 EFEITO DO CLIMA

4.2 EFEITO NOS PARÂMETROS DE CRESCIMENTO

4.3 EFEITO NOS ATRIBUTOS DE RENDIMENTO E NO RENDIMENTO

4.4 EFEITO SOBRE OS PARÂMETROS DE QUALIDADE

4.5 EFEITO SOBRE O TEOR DE NUTRIENTES NAS PLANTAS

4.6 EFEITO NO ESTADO DOS NUTRIENTES DO SOLO APÓS A COLHEITA

4.7 ECONOMIA

4.8 EFEITO DO CLIMA

As condições meteorológicas prevalecentes durante o curso da investigação foram quase semelhantes às condições médias da localidade. As observações meteorológicas, *nomeadamente* as temperaturas máxima e mínima, a humidade relativa, a precipitação, as horas de sol, a velocidade do vento e a evaporação diária da panela para o ano de 2021 são apresentadas no Quadro 3.1. Com base nas observações meteorológicas, verificou-se que a temperatura máxima variou entre 30,5° e 39,6 °C e a temperatura mínima entre 23,8° e 27,8 °C. A humidade média variou entre 50 e 84,5 por cento, durante a época de cultivo. Por outro lado, foram registados 693,8 mm de precipitação sazonal durante todo o período do inquérito.

As condições gerais do solo na altura da sementeira do amendoim foram consideradas favoráveis a uma boa germinação e crescimento da cultura. Não se observou qualquer incidência de insectos-praga e doenças durante o período de cultivo. Em geral, a estação de crescimento foi normal, o que pode ter proporcionado requisitos climáticos favoráveis ao crescimento e desenvolvimento da cultura do amendoim e estes parâmetros não influenciaram a tendência dos tratamentos. Assim, as variações observadas nos diferentes tratamentos devem-se principalmente aos efeitos dos tratamentos e não a outros factores.

4.9 EFEITO NOS PARÂMETROS DE CRESCIMENTO

4.2.1 População de plantas (por metro de comprimento de linha)

Os dados relativos ao efeito de vários tratamentos de fontes orgânicas e cobertura morta na população de plantas por metro de comprimento de linha de amendoim registados aos 20 DAS e na colheita são apresentados no Quadro 4.1.

4.2.1.1 Efeito das fontes orgânicas

Os dados apresentados no Quadro 4.1 revelaram que o efeito de diferentes níveis de fontes orgânicas na população de plantas de amendoim foi considerado não significativo aos 20 DAS e na colheita.

4.2.1.2 Efeito do mulching

Os dados apresentados no Quadro 4.1 revelam que o efeito da cobertura morta não teve influência significativa na população de plantas aos 20 DAS e na colheita do amendoim.

Tabela 4.1: População de plantas influenciada por fontes orgânicas e cobertura morta

Tratamento	População de plantas/metro de comprimento bruto	
	20 DAS	Na Colheita
[A] Fontes orgânicas (F)		
F_0 : Sem estrume (controlo)	8.67	8.40
Fi : 100% N através de FYM	9.20	9.05
F_2 : 100% N através de vermicomposto	8.80	8.70
F_3 : 100% N através do NADEP- Composto	8.87	8.67
F_4 :100% N através de Bangalore- Compost	8.60	8.17
S.Em.±	0.20	0.22
C.D. (P=0,05)	NS	NS
[B] Mulching (M)		
M0 : Sem cobertura vegetal	8.83	8.51
M_1 : Cobertura morta (palha de trigo) @2,5 t/ha	8.83	8.69
S.Em.±	0.13	0.14
C.D. (P=0,05)	NS	NS
Interação (F×M)	NS	NS
C. V. %	6.69	7.54

4.2.1.3Efeito da interação

O efeito de interação das fontes orgânicas e da cobertura vegetal também não foi significativo no que diz respeito à população de plantas aos 20 DAS e na colheita do amendoim.

Para obter o máximo rendimento possível, as culturas devem utilizar todos os recursos disponíveis, tais como luz, espaço, água, CO_2 e nutrientes, de forma equitativa e eficiente. Este objetivo pode ser alcançado através da manutenção de uma população uniforme de plantas.

A população uniforme de plantas durante todo o período de cultivo indicou que os resultados obtidos no presente estudo foram o resultado do efeito do tratamento na experiência e não de outros factores.

4.2.2 Altura da planta (cm)

Os dados médios sobre a altura periódica das plantas de amendoim medida aos 30, 60 DAS e na colheita, influenciada por vários tratamentos de fontes orgânicas e cobertura morta, são apresentados no Quadro 4.2.

Quadro 4.2: Altura da planta influenciada por fontes orgânicas e cobertura morta

Tratamento	Altura da planta (cm)		
	30 DAS	60 DAS	Na Colheita
[A] Fontes orgânicas (F)			
F_0 : Sem estrume (controlo)	11.55	26.81	45.81
F_1 : 100% N através de FYM	12.95	29.18	52.00
F_2 : 100% N através de vermicomposto	13.72	30.00	54.56
F_3 : 100% N através do NADEP-Composto	13.22	28.06	53.56
F_4 : 100% N através de Bangalore-Compost	13.07	28.68	50.43
S.Em.±	0.38	0.64	1.62
C.D. (P=0,05)	1.11	1.86	4.71
[B] Mulching (M)			
M_0 : Sem cobertura vegetal	12.74	28.27	51.10
M_1 : Mulch (palha de trigo) @ 2,5 t/ha	13.07	28.82	51.45
S.Em.±	0.24	0.40	1.02
C.D. (P=0,05)	NS	NS	NS
Interação (F×M)	NS	NS	NS
C. V. %	8.40	6.35	8.96

4.2.2.1 Efeito das fontes orgânicas

Uma avaliação dos dados apresentados na Tabela 4.2 indicou que a altura da planta do amendoim foi significativamente afetada por diferentes fontes orgânicas. Foi registada uma altura de planta significativamente mais elevada aos 30, 60 DAS e na colheita (13,72, 30,00 e 54,56 cm, respetivamente) com a aplicação de Vermicomposto (F_2) em relação aos restantes tratamentos, mas manteve-se ao nível dos tratamentos FYM (F_1), NADEP-Composto (F_3) e Bangalore-Composto (F_4) aos 30, 60 DAS e na colheita. A aplicação de Sem Estrume (F_0) mostrou significativamente a menor altura de planta aos 30 DAS, 60 DAS e na colheita (11.55, 26.81, e 45.81 cm, respetivamente) do amendoim.

O aumento da altura das plantas é atribuído ao estrume orgânico aplicado através de várias fontes viz; vermicomposto, FYM, NADEP e compostos de Bangalore. A adição de estrume orgânico pode aumentar o estado do carbono orgânico no solo, o que pode acelerar as actividades microbianas e aumentar o fornecimento de uma nutrição equilibrada à cultura, resultando numa aceleração da atividade metabólica e fisiológica da planta e num maior crescimento através da assimilação de maiores quantidades de nutrientes principais, bem como de micronutrientes, o que acaba por aumentar a altura da planta.

Ramakrishna *et al.* (2016) relataram que o excelente crescimento das plantas na aplicação de vermicomposto foi possivelmente devido a alguns promotores de crescimento de plantas em moldes de vermes. Os resultados mostram que a matéria orgânica é importante para manter o rendimento das culturas do sistema orgânico. O vermicomposto aumenta a capacidade de melhorar o rendimento, mantendo assim a produtividade e a sustentabilidade. Estes resultados estão em estreita conformidade com as conclusões de Donga *et al.* (2021), Chatterji (2014), Lyngdoh *et al.* (2017), Ramakrishna *et al.* (2016) e Hiradeve *et al.* (2011).

4.2.2.2 Efeito do mulching

Os dados apresentados no Quadro 4.2 revelam que o efeito da cobertura morta não teve influência significativa na altura das plantas aos 30, 60 DAS e na colheita do amendoim.

4.2.2.3 Efeito da interação

O efeito de interação das fontes orgânicas e da cobertura morta foi considerado não significativo no que diz respeito à altura da planta aos 30, 60 DAS e na colheita do amendoim.

4.2.3 Biomassa seca da planta (g/planta)

O peso seco médio da planta de amendoim registado aos 45 DAS, influenciado por vários tratamentos de fontes orgânicas e mulching, é apresentado no Quadro 4.3.

Tabela 4.3: Biomassa seca de plantas de amendoim influenciada por diferentes fontes orgânicas e cobertura morta

Tratamento	Biomassa seca da planta (g/planta) 45 DAS
[A] Fontes orgânicas (F)	
F_0 : Sem estrume (Controlo)	7.73
F_1 : 100% N através de FYM	8.01
F_2 : 100% N através de vermicomposto	8.63
F3 : 100% N através de NADEP-Composto	8.30
F_4 : 100% N através de Bangalore-Compost	8.01
S.Em.±	0.24
C.D. (P=0,05)	NS
[B] Mulching (M)	
Mo : Sem cobertura vegetal	8.11
M_1 : Mulch (palha de trigo) @ 2,5 t/ha	8.16
S.Em.±	0.15
C.D. (P=0,05)	NS
Interação (F×M)	NS
C. V. %	8.47

4.2.3.1 Efeito das fontes orgânicas

As fontes orgânicas não exerceram qualquer influência significativa na biomassa seca das plantas aos 45 DAS. No entanto, o tratamento F2 (vermicomposto) apresentou uma biomassa seca de plantas numericamente mais elevada de 8,63 g/planta aos 45 DAS. Enquanto o tratamento F0 (sem estrume) apresentou uma biomassa seca de plantas numericamente mais baixa de 7,73 g/planta aos 45 DAS.

4.2.3.2 Efeito do mulching

Os dados apresentados no Quadro 4.3 revelam que o efeito do mulching não teve influência significativa na biomassa seca da planta aos 45 DAS do amendoim.

4.2.3.3 Efeito da interação

O efeito de interação das fontes orgânicas e do mulching no que diz respeito à biomassa seca das plantas aos 45 DAS foi considerado não significativo.

4.2.4 Biomassa seca da raiz (g/planta)

O peso seco médio da raiz do amendoim registado aos 45 DAS, influenciado por vários tratamentos de fontes orgânicas e cobertura morta, é apresentado no Quadro 4.4.

Tabela 4.4: Biomassa seca da raiz do amendoim influenciada por diferentes fontes orgânicas e cobertura morta

Tratamento	Biomassa seca da raiz (g/planta) 45 DAS
[A] Fontes orgânicas (F)	

F_0 : Sem estrume (Controlo)	1.50
F_1 : 100% N através de FYM	1.58
F_2 : 100% N através de vermicomposto	1.73
F_3 : 100% N através do NADEP-Composto	1.63
F_4 : 100% N através de Bangalore-Compost	1.56
S.Em.±	0.04
C.D. (P=0,05)	0.12
[B] Mulching (M)	
M_0 : Sem cobertura vegetal	1.59
M_1 : Mulch (palha de trigo) @ 2,5 t/ha	1.61
S.Em.±	0.02
C.D. (P=0,05)	NS
Interação (F×M)	NS
C. V. %	7.64

4.2.4.1 Efeito das fontes orgânicas

Uma avaliação dos dados apresentados na Tabela 4.4 indicou que a biomassa seca da raiz do amendoim foi significativamente afetada por diferentes fontes orgânicas. A maior biomassa seca de raiz aos 45 DAS (1,73 g/planta) foi registada com a aplicação de vermicomposto (F_2) em relação aos restantes tratamentos, mas foi encontrada a par com o composto NADEP (F_3). A aplicação de Sem Estrume (F_0) mostrou a menor biomassa seca de raiz (1,50 g/planta) aos 45 DAS do amendoim.

O aumento da biomassa seca da raiz atribuído ao vermicomposto aplicado pode ser o resultado da aceleração das actividades metabólicas e fisiológicas da planta, resultando numa maior divisão celular e num maior crescimento por assimilação. Isto acabou por aumentar o peso seco da raiz. Estes resultados estão em estreita conformidade com as conclusões de Biswash *et al.* (2014) e Ramkrishna *et al.* (2016).

4.2.4.2 Efeito do mulching

Os dados apresentados no Quadro 4.4 revelam que o efeito da cobertura morta não expressou influência significativa na biomassa seca da raiz aos 45 DAS do amendoim.

4.2.4.3 Efeito da interação

O efeito de interação das fontes orgânicas e do mulching em relação à biomassa seca da raiz aos 45 DAS foi considerado não significativo.

4.2.5 Peso seco dos nódulos aos 45 DAS (mg/planta)

O peso seco médio do nódulo (mg/planta) do amendoim registado aos 45 DAS, influenciado por vários tratamentos de fontes orgânicas e cobertura morta, é apresentado no Quadro 4.5.

4.2.5.1 Efeito das fontes orgânicas

Uma avaliação dos dados apresentados na Tabela 4.5 indicou que o peso seco do nódulo do amendoim foi significativamente afetado por diferentes níveis de fontes orgânicas. O peso seco mais elevado do nódulo aos 45 DAS (79,33 mg/planta) foi registado com a aplicação de NADEP-Composto (F_3) em relação aos restantes tratamentos, mas foi encontrado a par com o tratamento de vermicomposto (F_2) e FYM (F_1). A aplicação de Sem Estrume (F_0) mostrou o menor peso seco de nódulo (63,60 mg/planta) aos 45 DAS do amendoim.

O aumento do peso seco do nódulo pode dever-se a um aumento do crescimento radicular resultante da porosidade do solo devido à adição de matéria orgânica no solo. Isto pode ser resultado de uma maior disponibilidade de nutrientes na fase inicial através de fontes orgânicas, fazendo com que o fornecimento adicional de azoto e fósforo ajudasse na formação de novas células e, assim, na proliferação do crescimento. Esta constatação seguiu de perto os resultados de Choubey *et al.* (2018).

Tabela 4.5: Peso seco de nódulos de amendoim influenciado por diferentes fontes orgânicas e cobertura morta

Tratamento	Peso seco do nódulo (mg/planta) 45 DAS
[A] Fontes orgânicas (F)	
F_0 : Sem estrume (Controlo)	63.60
F_1 : 100% N através de FYM	76.12
F_2 : 100% N através de vermicomposto	74.21
F_3 : 100% N através do NADEP-Composto	79.33
F_4 : 100% N através de Bangalore-Compost	69.41
S,Em.±	2.70
C.D. (P=0,05)	7.80
[B] Mulching (M)	
M_0 : Sem cobertura vegetal	71.76
M_1 : Mulch (palha de trigo) @ 2,5 t/ha	73.30
S.Em.±	1.70
C.D. (P=0,05)	NS
Interação (F×M)	NS
C. V. %	10.53

4.2.5.2 Efeito do mulching

Os dados apresentados no Quadro 4.5 revelam que o peso seco dos nódulos não foi influenciado significativamente pelos diferentes tratamentos de mulching.

4.2.5.3 Efeito da interação

O efeito de interação das fontes orgânicas e da cobertura vegetal em relação ao peso seco do nódulo aos 45 DAS foi considerado não significativo.

4.2.6 Comprimento da raiz (cm)

Os dados sobre o número de comprimento da raiz do amendoim registados aos 45 DAS, influenciados por vários tratamentos de fontes orgânicas e cobertura morta, são apresentados no Quadro 4.6.

Tabela 4.6: Comprimento da raiz e número de ramos por planta de amendoim influenciados por diferentes fontes orgânicas e cobertura morta

Tratamento	Comprimento da raiz (cm) 45 DAS	Número de ramos/planta
[A] Fontes orgânicas (F)		
F_0 : Sem estrume (Controlo)	10.85	7.27
F_1 : 100% N através de FYM	12.22	9.42
F_2 : 100% N através de vermicomposto	12.52	8.65
F_3 : 100% N através do NADEP-Composto	12.30	8.25
F_4 : 100% N através de Bangalore-Compost	11.68	8.02
S.Em.±	0.33	0.33

C.D. (P=0,05)	0.98	0.96
[B] Mulching (M)		
M_0 : Sem cobertura vegetal	11.78	8.25
M_1 : Cobertura morta (palha de trigo) @ 2,5 t/ha	12.04	8.40
S.Em.±	0.21	0.21
C.D. (P=0,05)	NS	NS
Interação (F×M)	NS	NS
C. V. %	8.02	11.34

4.2.6.1 Efeito das fontes orgânicas

Uma avaliação dos dados apresentados no Quadro 4.6 indicou que o comprimento da raiz do amendoim foi significativamente afetado por diferentes níveis de fontes orgânicas. O maior comprimento de raiz aos 45 DAS (12,52 cm) foi registado com a aplicação de vermicomposto (F_2) sobre os restantes tratamentos, mas foi encontrado a par com o tratamento FYM (F_1), NADEP-Composto (F_3) e Bangalore-Composto (F_4) aos 45 DAS. A aplicação de nenhum estrume (F_0) apresentou o menor comprimento de raiz (10,85 cm).

O vermicomposto aumenta o comprimento da raiz pode dever-se ao facto de o vermicomposto promover a agregação do solo e estabilizar a estrutura do solo. Isto pode melhorar a relação ar-água do solo, aumentando assim a capacidade de retenção de água e encorajando o desenvolvimento extensivo do sistema radicular da planta. Observou-se que a mineralização de nutrientes foi melhorada, o que resultou num aumento da produtividade das culturas (Suthar, 2007) e o estrume das culturas com vermicomposto mostrou uma maior capacidade de assimilar macro e micro nutrientes essenciais e resultou num melhor desenvolvimento das raízes. Estes resultados corroboram o trabalho de Manoharan e Ganesamoorthi (2015), Khan e Ishaq (2011), Sharmila *et al.* (2019) e (Atiyeh *et al.* 2001).

4.2.6.2 Efeito do mulching

Os dados apresentados no Quadro 4.6 revelam que o efeito da cobertura morta não teve influência significativa no comprimento da raiz do amendoim aos 45 DAS.

4.2.6.3 Efeito da interação

O efeito de interação das fontes orgânicas e da cobertura vegetal no que diz respeito ao comprimento da raiz aos 45 DAS foi considerado não significativo.

4.2.7 Número de ramos por planta

Os dados relativos ao número de ramos por planta na colheita, afectados por diferentes níveis de fontes orgânicas e aplicação de mulching, estão resumidos no Quadro 4.6.

4.2.7.1 Efeito das fontes de matéria orgânica

É evidente a partir dos dados apresentados na Tabela 4.6 que o número de ramos por planta foi significativamente influenciado por diferentes fontes orgânicas. Um número significativamente maior de ramos por planta (9,42) foi observado com a aplicação de FYM (F_1) em relação aos demais tratamentos de fontes orgânicas, mas foi encontrado no mesmo nível do tratamento com vermicomposto (F_2). Por outro lado, o número mais baixo de ramos por planta (7,27) foi registado devido à aplicação de nenhum estrume (F_0).

O aumento do número de ramos por planta devido à FYM pode ser atribuído à melhoria global do crescimento das plantas, vigor, crescimento das raízes e maior produção de matéria seca nas plantas, o que resultou numa utilização eficaz dos recursos aplicados. Esses resultados colaboram com o trabalho de Karunakaran *et al.* (2010), Singh *et al.* (2011) e Vishwakarma *et al.* (2012).

4.2.7.2 Efeito da cobertura morta

Os dados apresentados no Quadro 4.6 revelam que o efeito da cobertura morta não teve influência significativa no número de ramos por planta do amendoim.

4.2.7.3 Efeito da interação

O efeito de interação das fontes orgânicas e do mulching no que diz respeito ao número de ramos por planta na colheita foi considerado não significativo.

4.10EFEITO NOS ATRIBUTOS DE RENDIMENTO E NO RENDIMENTO

4.3.1 Número de vagens/planta

Os resultados sobre o efeito de vários tratamentos de fontes orgânicas e cobertura morta no número de vagens/planta na colheita de amendoim são apresentados no Quadro 4.7.

Tabela 4.7: Número de vagens por planta de amendoim influenciado por diferentes fontes orgânicas e cobertura morta

Tratamento	Número de vagens/planta
[A] Fontes orgânicas (F)	
F_0 : Sem estrume (Controlo)	20.30
Fi : 100% N através de FYM	23.52
F_2 : 100% N através de vermicomposto	25.82
F_3 : 100% N através do NADEP-Composto	23.82
F_4 : 100% N através de Bangalore-Compost	23.05
S.Em.±	0.80
C.D. (P=0,05)	2.32
[B] Mulching (M)	
M_0 : Sem cobertura vegetal	23.00
M_1 : MulchC (palha de trigo) @ 2.5t /ha	23.61
S.Em.±	0.50
C.D. (P=0,05)	NS
Interação (F×M)	NS
C. V. %	9.72

4.3.1.1 Efeito das fontes orgânicas

Uma avaliação dos dados apresentados na Tabela 4.7 mostrou que um número significativamente máximo de vagens por planta (25,82) de amendoim foi registado sob vermicomposto (F2) sobre o resto dos tratamentos, mas foi encontrado a par com a aplicação de NADEP-Composto (F3) e FYM (F1). A aplicação de nenhum estrume (F0) mostrou a menor quantidade de vagens por planta (20,30) na colheita do amendoim.

A disponibilidade e o fornecimento ótimo de nutrientes às plantas influenciaram favoravelmente a floração e a formação de sementes, o que acabou por aumentar as vagens por planta, as sementes por vagem e o peso do teste. A aplicação de vermicomposto pode ter influenciado no aumento da nodulação, sistema radicular extenso, maior produção de metabólitos e sua translocação para vários sumidouros, especialmente as estruturas produtivas, poderia ter ajudado a aumentar o número de vagens por planta, além de aumentar o crescimento geral. Resultados semelhantes também foram relatados por Mathur (2000), Kumar e Yadav (2018), Chatterji (2014) e Donga e Mathukia (2021).

4.3.1.2 Efeito da cobertura morta

Os dados apresentados no Quadro 4.7 revelam que o efeito da cobertura morta não teve influência significativa no número de vagens por planta na colheita do amendoim.

4.3.1.3 Efeito da interação

O efeito de interação das fontes orgânicas e do mulching em relação ao número de vagens por planta na colheita foi considerado não significativo.

4.3.2 Rendimento de vagens e rendimento a lanço (kg/ha)

Os dados relativos ao rendimento de vagens como influência devido a diferentes fontes orgânicas e cobertura morta são fornecidos no Quadro 4.8.

4.3.2.1 Efeito das fontes orgânicas

Uma leitura dos dados apresentados no Quadro 4.8 indica que a produção de vagens de amendoim foi significativamente influenciada por diferentes níveis de fontes orgânicas. A aplicação de vermicomposto (F_2) registou um rendimento de vagens significativamente superior (2757 kg/ha) em relação aos restantes tratamentos, no entanto, foi encontrado a par com o composto NADEP (F_3). A produção de sementes mais baixa (2055 kg/ha) foi registada sob a aplicação de nenhum estrume (F_0).

O efeito benéfico do vermicomposto pode ser devido ao fornecimento adequado de nutrientes a partir da sua decomposição, maior mobilização de nutrientes do solo, ativação de actividades biológicas benéficas do solo que aumentam a disponibilidade de nutrientes, bem como as condições físicas do solo que proporcionam um bom alimento para as plantas. Foi registado um aumento de 34,16% na produção de sementes devido à aplicação de vermicomposto em relação ao controlo.

Tabela 4.8: Rendimento de vagens e de lâminas de amendoim influenciado por diferentes fontes orgânicas e cobertura morta

Tratamento	Produção de vagens (kg/ha)	Rendimento a granel (kg/ha)
[A] Fontes orgânicas (F)		
F_0 : Sem estrume (Controlo)	2055	3339
F_1 : 100% N através de FYM	2455	4107
F_2 : 100% N através de vermicomposto	2757	4615
F_3 : 100% N através do NADEP-Composto	2677	4424
F_4 : 100% N através de Bangalore-Compost	2267	3940
S.Em.±	84	128
C.D. (P=0,05)	243	373
[B] Mulching (M)		
M_0 : Sem cobertura vegetal	2396	4022
M_1 : Mulch (palha de trigo) @ 2,5 t/ha	2489	4148
S.Em.±	53	81
C.D. (P=0,05)	NS	NS
Interação (F×M)	NS	NS
C. V. %	9.73	8.92

O aumento da produção de vagens do amendoim pode dever-se à proliferação do comprimento da raiz, do comprimento da raiz, do número de nódulos, do número de vagens por planta e do índice de sementes, o que resultou numa maior produção de vagens das culturas de amendoim. Estes resultados estão em conformidade com Bhadu *et al.* (2018), Kumar e Yadav (2018), Yadav *et al.* (2017) e Donga e Mathukia (2021).

4.3.2.2 Efeito do mulching

Os dados apresentados no Quadro 4.8 revelam que o efeito da cobertura morta não teve influência significativa na produção de vagens na colheita do amendoim.

4.3.2.3 Efeito da interação

O efeito de interação das fontes orgânicas e da cobertura vegetal em relação à produção de vagens na colheita não foi significativo.

4.3.3 Rendimento do lanço (kg/ha)

Os dados relativos ao rendimento (kg/ha) do amendoim influenciado por diferentes níveis de fontes orgânicas e cobertura morta são apresentados no Quadro 4.8.

4.3.3.1 Efeito das fontes de matéria orgânica

É evidente, a partir dos dados apresentados no Quadro 4.8, que foram encontradas diferenças no rendimento do grão devido a diferentes níveis de fontes orgânicas. Uma aplicação de vermicomposto (F_2) foi significativamente superior (4615 kg/ha) aos restantes tratamentos, que se mantiveram a par da aplicação de NADEP-Composto (F_3). O rendimento mais baixo (3339 kg/ha) foi registado com a não aplicação de estrume (F_0).

A libertação gradual e o fornecimento constante de nutrientes do vermicomposto ao longo do crescimento e desenvolvimento das plantas mantiveram a eficiência fotossintética e a produção de metabolitos a um nível mais elevado e, mais tarde, a translocação de fotossintatos para vários sumidouros, resultando num maior rendimento de haulm. As presentes conclusões confirmam o relatório de Patil *et al.* (2011), Dash *et al.* (2017), Yadav *et al.* (2017) e Kumar e Yadav (2018)

O aumento da produção de haulm pode dever-se a um melhor crescimento vegetativo e a uma maior produção de matéria seca devido à disponibilidade de todos os nutrientes para as plantas e a melhores propriedades físicas do solo, o que confirma a conclusão de Verma *et al.* (2022).

4.3.3.2 Efeito da cobertura morta

Os dados apresentados no Quadro 4.8 revelam que o efeito da cobertura morta não mostrou uma influência significativa no rendimento do grão na colheita do amendoim.

4.3.3.3 Efeito da interação

O efeito da interação entre as fontes de matéria orgânica e a cobertura vegetal no que diz respeito ao rendimento do grão na colheita não foi significativo.

4.3.4 Descasque (%)

Os dados relativos à percentagem de descasque influenciada por diferentes fontes orgânicas e cobertura morta no amendoim são apresentados no Quadro 4.9.

Tabela 4.9: Percentagem de casca, índice de sementes e índice de colheita do amendoim influenciados por diferentes fontes orgânicas e cobertura morta

Tratamento	Descasque (%)	Índice de sementes (g)	Índice de colheita (%)
[A] Fontes orgânicas (F)			
F_0 : Sem estrume (Controlo)	**59.15**	**46.83**	**37.58**
F_1 : 100% N através de FYM	**61.60**	**51.87**	**38.86**

F_2 : 100% N através de vermicomposto	**65.17**	**52.09**	**37.23**
F_3 : 100% N através do NADEP-Composto	**60.98**	**50.82**	**37.55**
F_4 : 100% N através de Bangalore-Compost	**69.97**	**48.72**	**36.58**
S.Em.±	**1.51**	**1.37**	**1.058**
C.D. (P=0,05)	**3.79**	**NS**	**NS**
[B] Mulching (M)			
M_0 : Sem cobertura vegetal	**60.73**	**49.84**	**37.36**
M_1 : Mulch (palha de trigo) @ 2,5 t/ha	**61.96**	**50.29**	**37.76**
S.Em.±	**0.95**	**0.87**	**0.66**
C.D. (P=0,05)	**NS**	**NS**	**NS**
Interação (F×M)	**NS**	**NS**	**NS**
C. V. %	**6.67**	**7.77**	**7.96**

4.3.4.1 Efeito das fontes orgânicas

É evidente a partir dos dados apresentados na Tabela 4.9 que a percentagem de descasque foi significativamente influenciada pelos diferentes níveis de fontes orgânicas. A aplicação de vermicomposto (F_2) foi significativamente superior (65,17%) aos restantes tratamentos, mas manteve-se a par com a aplicação de NADEP-Composto (F_3) e tratamentos FYM (F_1). A percentagem de descasque mais baixa (59,15%) foi registada com a aplicação de nenhum estrume (F_0).

Isto pode ser atribuído aos efeitos benéficos do enriquecimento de vermicomposto, que pode aumentar as transformações de nutrientes no solo, melhorando as propriedades físicas, químicas e biológicas do solo. Os presentes resultados confirmaram o relatório de Ramkrishna *et al.* (2016) e Donga e Mathukia (2021)

4.3.4.2 Efeito da cobertura morta

Os dados apresentados no Quadro 4.9 revelam que a cobertura morta não teve influência significativa na % de casca na colheita do amendoim.

4.3.4.3 Efeito da interação

O efeito de interação das fontes orgânicas e da cobertura vegetal no que diz respeito à percentagem de casca na colheita foi considerado não significativo.

4.3.5 Índice de sementes (g)

Os dados relativos ao índice de sementes influenciado por diferentes fontes orgânicas e cobertura morta no amendoim são apresentados no Quadro 4.9.

4.3.5.1 Efeito das fontes orgânicas

Os dados apresentados na Tabela 4.9 revelam que o efeito de diferentes níveis de fontes orgânicas não expressou influência significativa no índice de sementes na colheita do amendoim. A aplicação de vermicomposto (F_2) encontrou um índice de sementes numericamente mais elevado (52,09 g) do que os restantes tratamentos. O índice de sementes mais baixo (46,83 g) foi registado sob a aplicação de nenhum estrume (F_0).

4.3.5.2 Efeito da cobertura morta

Os dados apresentados no Quadro 4.9 revelam que o efeito da cobertura morta não teve influência significativa no índice de sementes na colheita do amendoim.

4.3.5.3 Efeito da interação

O efeito de interação das fontes orgânicas e da cobertura vegetal em relação ao índice de sementes na colheita não foi significativo.

4.3.6 Índice de colheita (%)

Os dados relativos ao índice de colheita influenciado por diferentes fontes orgânicas e cobertura morta no amendoim são apresentados no Quadro 4.9.

4.3.6.1 Efeito das fontes de matéria orgânica

Os dados mostraram claramente que as diferentes fontes orgânicas permaneceram semelhantes ao índice de colheita (Quadro 4.9) e não tiveram qualquer influência significativa no índice de colheita. Isso pode ser devido à distribuição equilibrada de assimilados tanto para o crescimento vegetativo como para o crescimento no solo, o que acabou por mostrar um índice de colheita semelhante.

4.3.6.2 Efeito da cobertura morta

Os dados apresentados no Quadro 4.9 revelam que o efeito da cobertura morta não teve influência significativa no índice de colheita do amendoim.

4.3.6.3 Efeito da interação

O efeito de interação das fontes orgânicas e da cobertura vegetal no que diz respeito ao índice de colheita na colheita não foi significativo.

4.11EFEITO SOBRE OS PARÂMETROS DE QUALIDADE

4.4.1 Teor proteico da amêndoa (%)

Os dados médios sobre o teor de proteína na semente de amendoim influenciado por diferentes níveis de fontes orgânicas e cobertura morta e a sua interação são apresentados no Quadro 4.10.

Tabela 4.10: Teor de proteína e teor de óleo do grão de amendoim influenciado por diferentes fontes orgânicas e cobertura vegetal

Tratamento	Proteína (%)	Óleo (%)
[A] Fontes orgânicas (F)		
F_0 : Sem estrume (Controlo)	20.35	44.95
F_1 : 100% N através de FYM	23.05	51.68
F_2 : 100% N através de vermicomposto	24.85	50.51
F_3 : 100% N através do NADEP-Composto	23.83	49.30
F_4 : 100% N através de Bangalore-Compost	22.96	48.05
S.Em.±	0.74	1.22
C.D. (P=0,05)	2.15	3.55
[B] Mulching (M)		
M_0 : Sem cobertura vegetal	22.45	48.39
M_1 : Mulch (palha de trigo) @ 2,5 t/ha	23.55	49.41
S.Em.±	0.46	0.77
C.D. (P=0,05)	NS	NS
Interação (F×M)	NS	NS
C. V. %	9.13	7.08

4.4.1.1 Efeito das fontes orgânicas

Uma leitura dos dados sobre o teor de proteínas do amendoim, apresentados no Quadro 4.10, indica que o teor de proteínas do amendoim foi significativamente influenciado por diferentes fontes orgânicas. A aplicação de vermicomposto (F_2) registou um teor proteico significativamente superior (24,85 %) aos restantes tratamentos, mas foi equiparado ao FYM (F_1) e ao NADEP-Composto (F_3). O teor de proteínas significativamente mais baixo (20,35 %) foi registado sob a aplicação de nenhum estrume (F_0).

O aumento significativo do teor de proteínas no grão com a aplicação de vermicomposto parece dever-se ao aumento da disponibilidade de azoto para a planta a partir do vermicomposto, resultando num aumento do teor de azoto na planta, que tem um papel significativo na síntese de proteínas no grão. Os resultados obtidos na presente investigação estão em estreita conformidade com os de Mathur (2000), Yadav (2001), Tak (2014), Ramesh *et al.* (2016), Kumawat *et al.* (2009), Chaudhari *et al.* (2013) e Abragum *et al.* (2018).

4.4.1.2 Efeito da cobertura morta

Os dados apresentados no Quadro 4.10 revelam que a cobertura morta não influenciou significativamente o teor de proteínas na colheita do amendoim.

4.4.1.3 Efeito da interação

O efeito de interação entre as fontes orgânicas e a cobertura vegetal no que diz respeito ao teor de proteínas na colheita não foi significativo.

4.4.2 Teor de óleo da amêndoa (%)

Os dados sobre o teor de óleo do grão de amendoim influenciado por diferentes fontes orgânicas e cobertura vegetal são apresentados no Quadro 4.10.

4.4.2.1 Efeito das fontes orgânicas

A leitura dos dados sobre o teor de óleo do amendoim, apresentados no Quadro 4.10, indica que o teor de óleo do amendoim é significativamente influenciado por diferentes fontes orgânicas. A aplicação de FYM (F1) registou um teor de óleo significativamente superior (51,68%) em relação aos restantes tratamentos, mas foi encontrado a par com vermicomposto (F2) e NADEP-Composto (F3). O teor de proteínas significativamente mais baixo (44,95 %) foi registado sob a aplicação de nenhum estrume (F0).

A aplicação de estrume de quintal (FYM) aumentou significativamente o teor de óleo e de proteínas do amendoim. A quantidade de aumento destes parâmetros sob a influência da aplicação de estrume de quintal foi de 6,36, 15,02 e 6,49 por cento, respetivamente. A melhor produção de carbono orgânico e a maior troca de iões, que aumentaram a mobilidade dos nutrientes sob este tratamento, conduziram a um ambiente favorável no sistema vegetal, aumentando assim o teor de óleo do amendoim. Os resultados obtidos na presente investigação estão em estreita conformidade com os de Patil *et al.* (2017), Sarade *et al.* (2016) e Pareek *et al.* (2020)

4.4.1.2 Efeito da cobertura morta

Os dados apresentados no Quadro 4.10 revelam que o efeito da cobertura morta não teve influência significativa no teor de óleo na colheita do amendoim.

4.4.1.3 Efeito da interação

O efeito de interação entre as fontes orgânicas e a cobertura vegetal no que diz respeito ao teor de óleo na colheita não foi significativo.

4.5 EFEITO SOBRE O TEOR DE NUTRIENTES NAS PLANTAS

4.5.1 Teor de azoto na amêndoa e no lanço (%)

O quadro 4.11 mostra o efeito de diferentes fontes orgânicas e tratamentos de cobertura vegetal no teor de azoto no grão e na haste do amendoim.

4.5.1.1 Efeito das fontes orgânicas

Uma leitura dos dados apresentados no Quadro 4.11 revelou que diferentes fontes orgânicas exerceram uma influência significativa no teor de azoto no grão e no lombo do amendoim. O teor mais elevado de azoto no grão e no lanço (3,75 % e 1,98 %, respetivamente) foi observado com a aplicação de vermicomposto (F2) em relação aos restantes tratamentos, mas foi igual ao do NADEP-Composto (F3). Foi registado um teor mais baixo de azoto no grão e na haste (3,01 % e 1,35 %, respetivamente) quando não foi aplicado estrume (F_0).

A aplicação de vermicomposto aumentou consideravelmente o teor de azoto do grão e do folhelho, possivelmente como resultado de uma maior disponibilidade de azoto para as plantas. Isto pode dever-se a um melhor ambiente nutricional na rizosfera e à sua utilização no sistema vegetal, resultando numa maior translocação para estruturas reprodutivas como vagens, sementes e outros componentes da planta, porque é um componente fundamental dos aminoácidos, que são os blocos de construção das moléculas de proteínas. O aumento da atividade da redutase do nitrato na síntese de proteínas nas sementes poderia ser outra explicação para uma maior concentração de azoto. Estes resultados estão em estreita conformidade com os de Yadav (2001) e Wagadre *et al.* (2010).

Quadro 4.11: Teor de azoto na amêndoa e no lombo do amendoim influenciado por diferentes fontes orgânicas e cobertura vegetal

Tratamento	Teor de N (%)	
	Núcleo	Haulm
[A] Fontes orgânicas (F)		
F_0 : Sem estrume (Controlo)	3.01	1.35
F_1 : 100% N através de FYM	3.50	1.79
F_2 : 100% N através de vermicomposto	3.75	1.98
F_3 : 100% N através do NADEP-Composto	3.65	1.91
F_4 : 100% N através de Bangalore-Compost	3.39	1.70
S.Em.±	0.06	0.03
C.D. (P=0,05)	0.19	0.10
[B] Mulching (M)		
M_0 : Sem cobertura vegetal	3.40	1.72
M_1 : Cobertura morta (palha de trigo) @ 2,5 t/ha	3.53	1.77
S.Em.±	0.04	0.024
C.D. (P=0,05)	0.12	NS
Interação (F×M)	NS	NS
C. V. %	5.36	6.03

4.5.1.2 Efeito da cobertura morta

Uma leitura dos dados apresentados no Quadro 4.11 revelou que os níveis de cobertura vegetal influenciaram significativamente o teor de azoto no grão de amendoim. O maior teor de azoto no grão (3,53 %) foi observado com a aplicação de cobertura morta (palha de trigo) a 2,5 t/ha (M_1) em relação aos tratamentos sem cobertura morta (M_0). Diferentes níveis de cobertura morta não expressaram influência significativa no conteúdo de nitrogênio no haulm na colheita do amendoim.

As coberturas de solo aumentam a absorção de nitrogénio pela planta devido a uma melhor disponibilidade de humidade e a um maior fluxo de massa sob coberturas do que o tratamento sem coberturas, conforme relatado por Maurya *et al.* (2017).

4.5.1.3 Efeito da interação

Uma avaliação dos dados apresentados no Quadro 4.11 revelou que a utilização combinada de fontes orgânicas e de cobertura morta a diferentes níveis não teve uma influência significativa no teor de azoto no grão e na haste do amendoim.

4.5.2 Teor de fósforo na amêndoa e no lombo (%)

Os dados sobre o teor de fósforo na amêndoa e no lombo do amendoim, influenciados por diferentes fontes orgânicas e cobertura morta, são apresentados no Quadro 4.12.

Tabela 4.12: Teor de fósforo na amêndoa e no lombo do amendoim influenciado por diferentes fontes orgânicas e cobertura morta

Tratamento	Teor de P (%)	
	Núcleo	**Haulm**
[A] Fontes orgânicas (F)		
F_0 : Sem estrume (Controlo)	0.58	0.33
F_1 : 100% N através de FYM	0.66	0.41
F_2 : 100% N através de vermicomposto	0.71	0.45
F_3 : 100% N através do NADEP-Composto	0.67	0.42
F_4 : 100% N através de Bangalore-Compost	0.65	0.39
S.Em.±	0.01	0.01
C.D. (P=0,05)	0.05	0.04
[B] Mulching (M)		
M_0 : Sem cobertura vegetal	0.64	0.40
M_1 : Cobertura morta (palha de trigo) @ 2,5 t/ha	0.66	0.41
S.Em.±	0.01	0.009
C.D. (P=0,05)	NS	NS
Interação (F×M)	NS	NS
C. V. %	8.06	9.74

4.5.2.1 Efeito das fontes orgânicas

Uma leitura dos dados apresentados na Tabela 4.12 revelou que os diferentes adubos orgânicos exerceram uma influência significativa no conteúdo de fósforo no grão e no lombo do amendoim. O maior teor de fósforo no grão e no lanço (0,71% e 0,45%, respetivamente) foi observado com a aplicação de vermicomposto (F_2) em relação aos restantes tratamentos, mas foi encontrado a par com o tratamento FYM (F_1) e NADEP-Composto (F_3). O teor de fósforo na semente e na palha (0,58% e 0,33%, respetivamente) foi significativamente mais baixo quando não se aplicou estrume (F_0).

A aplicação de vermicomposto aumentou consideravelmente o teor de fósforo do grão e do folhelho, possivelmente como resultado de uma maior disponibilidade de fósforo para as plantas. Isto pode dever-se a um melhor ambiente nutricional na rizosfera, bem como à sua utilização no sistema vegetal, resultando numa maior translocação para os tecidos reprodutivos. Estes resultados estão de acordo com as conclusões de Yadav (2001) e Wagadre *et al.* (2010).

4.5.2.2 Efeito da cobertura morta

Os dados apresentados no Quadro 4.12 revelam que o efeito da cobertura morta não teve influência significativa no teor de fósforo do grão e da haste na colheita do amendoim.

4.5.2.3 Efeito da interação

Uma avaliação dos dados apresentados no Quadro 4.12 revelou que a utilização combinada de fontes orgânicas e de cobertura morta em diferentes níveis não exerceu influência significativa no teor de fósforo no grão e no caule do amendoim.

4.5.3 Teor de potássio na amêndoa e no folhelho (%)

Os dados sobre o teor de potássio na amêndoa e no lombo do amendoim, influenciados por diferentes fontes orgânicas e cobertura morta, são apresentados no Quadro 4.13.

4.5.3.1 Efeito das fontes orgânicas

Os dados sobre o teor de potássio na amêndoa e no casco do amendoim não foram significativamente influenciados por diferentes fontes orgânicas e são apresentados no Quadro 4.13. Embora o teor de potássio numericamente mais elevado no grão e no hilo (1,09 e 1,01%, respetivamente) tenha sido registado no tratamento F2 (vermicomposto).

Tabela 4.13: Teor de potássio na amêndoa e no lombo do amendoim influenciado por diferentes fontes orgânicas e cobertura morta

Tratamento	Teor de K (%)	
	Núcleo	**Haulm**
[A] Fontes orgânicas (F)		
F_0 : Sem estrume (Controlo)	0.96	0.93
F_1 : 100% N através de FYM	1.05	0.97
F_2 : 100% N através de vermicomposto	1.09	1.01
F_3 : 100% N através do NADEP-Composto	1.08	1.00
F_4 : 100% N através de Bangalore-Compost	1.02	0.94
S.Em.±	0.03	0.02
C.D. (P=0,05)	NS	NS
[B] Mulching (M)		
M_0 : Sem cobertura vegetal	1.02	0.96
M_1 : Mulch (palha de trigo) @ 2,5 t/ha	1.06	0.98
S.Em.±	0.021	0.014
C.D. (P=0,05)	NS	NS
Interação (F×M)	NS	NS
C. V. %	9.15	6.22

4.5.3.2 Efeito da cobertura morta

Os dados apresentados no Quadro 4.13 revelam que o efeito da cobertura morta não teve influência significativa no teor de potássio do grão e da haste na colheita do amendoim.

4.5.3.3 Efeito da interação

Uma avaliação dos dados apresentados no Quadro 4.13 revelou que a utilização combinada de fontes orgânicas e de cobertura morta não exerceu uma influência significativa no teor de potássio no grão e na haste do amendoim.

4.6 EFEITO NO ESTADO DOS NUTRIENTES DO SOLO APÓS A COLHEITA

4.6.1 CE (dS/m)

Os resultados sobre o efeito de várias fontes orgânicas e da cobertura vegetal na condutividade eléctrica do solo após a colheita do amendoim são apresentados no Quadro 4.14.

Tabela 4.14: Condutividade eléctrica, pH e teor de carbono orgânico do solo influenciados por diferentes fontes orgânicas e cobertura morta no amendoim

Tratamento	CE (dS/m)	pH	Carbono orgânico (%)
Inicial	**0.30**	**7.80**	**0.33**
[A] Fontes orgânicas (F)			
F_0 : Sem estrume (Controlo)	0.21	7.76	0.357

F_1 : 100% N através de FYM	0.23	7.80	0.383
F_2 : 100% N através de vermicomposto	0.24	7.87	0.361
F3 : 100% N através do NADEP-Composto	0.243	7.84	0.370
F_4 : 100% N através de Bangalore-Compost	0.22	7.83	0.357
S.Em.±	0.008	0.16	0.007
C.D. (P=0,05)	NS	NS	NS
[B] Mulching (M)			
M_0 : Sem cobertura vegetal	0.226	7.83	0.36
M_1 : Mulch (palha de trigo) @ 2,5 t/ha	0.234	7.81	0.37
S.Em.±	0.005	0.10	0.005
C.D. (P=0,05)	NS	NS	NS
Interação (F×M)	NS	NS	NS
C. V. %	9.99	6.04	5.67

4.6.1.1 Efeito das fontes orgânicas

Os dados da Tabela 4.14 revelaram que a condutividade eléctrica do solo após a colheita não foi significativamente alterada devido à aplicação de diferentes fontes orgânicas no amendoim.

4.6.1.2 Efeito da cobertura morta

A leitura dos dados apresentados no Quadro 4.14 indica que a condutividade eléctrica disponível do solo após a colheita do amendoim não foi significativamente influenciada pelos diferentes tratamentos de cobertura.

4.6.1.3 Efeito da interação

No caso da CE no solo após a colheita do amendoim, verificou-se que não era significativa devido ao efeito de interação dos diferentes níveis de fontes orgânicas e cobertura vegetal.

4.6.2 pH

Os dados médios sobre o pH do solo após a colheita do amendoim, influenciados por diferentes níveis de fontes orgânicas e cobertura vegetal e a sua interação, são apresentados no Quadro 4.14

4.6.2.1 Efeito das fontes orgânicas

O pH do solo influenciado por vários tratamentos de fontes orgânicas após a colheita do amendoim foi apresentado no Quadro 4.14. O exame minucioso dos dados indicou que o efeito dos vários tratamentos de fontes orgânicas não mostrou quaisquer diferenças estatísticas relativamente ao pH do solo.

4.6.2.2 Efeito da cobertura morta

A leitura dos dados apresentados no Quadro 4.14 indica que o pH do solo após a colheita do amendoim não foi significativamente influenciado pelos diferentes tratamentos de cobertura.

4.6.2.3 Efeito da interação

No caso do pH do solo após a colheita do amendoim, verificou-se que não era significativo devido ao efeito de interação dos diferentes níveis de fontes orgânicas e de cobertura vegetal.

4.6.3 Carbono orgânico (%)

Os resultados sobre o carbono orgânico após a colheita da cultura do amendoim, influenciados por vários tratamentos de fontes orgânicas e cobertura morta, são apresentados no Quadro 4.14

4.6.3.1 Efeito das fontes orgânicas

O carbono orgânico do solo influenciado por vários tratamentos de fontes orgânicas após a colheita do amendoim é apresentado no Quadro 4.14. O exame atento dos dados mostra que o efeito dos vários tratamentos de fontes orgânicas não mostrou nenhuma diferença estatística em relação ao CO do solo. Embora numericamente o carbono orgânico mais elevado (0,383%) do solo após a colheita do amendoim tenha sido observado no tratamento F_1 (FYM).

4.6.3.2 Efeito do mulching

A análise dos dados apresentados no Quadro 4.14 indica que a percentagem de CO disponível no solo após a colheita do amendoim não foi significativamente influenciada pelas diferentes coberturas vegetais.

4.6.3.3 Efeito da interação

No caso de OC % do solo após a colheita de amendoim foi encontrado não significativo devido ao efeito de interação de diferentes níveis de fontes orgânicas e mulching.

4.6.4 Densidade a granel (g/cc)

Os resultados da densidade aparente após a colheita da cultura do amendoim, influenciada por vários tratamentos de fontes orgânicas e cobertura morta, são apresentados no Quadro 4.15.

Tabela 4.15: Densidade aparente e teor de matéria orgânica do solo influenciados por diferentes fontes orgânicas e cobertura morta no amendoim

Tratamento	BD (g/cc)	O.M %
Valor inicial	**1.34**	**0.56**
[A] Fontes orgânicas (F)		
F_0 : Sem estrume (Controlo)	1.29	0.621
F_1 : 100% N através de FYM	1.21	0.664
F_2 : 100% N através de vermicomposto	1.23	0.621
F_3 : 100% N através do NADEP- Composto	1.24	0.634
F_4 : 100% N através de Bangalore-Compost	1.25	0.625
S.Em.±	0.023	0.013
C.D. (P=0,05)	NS	NS
[B] Mulching (M)		
M_0 : Sem cobertura vegetal	1.25	0.623
M_1 : Mulch (palha de trigo) @ 2,5 t/ha	1.23	0.639
S.Em.±	0.014	0.008
C.D. (P=0,05)	NS	NS
Interação (F×M)	NS	NS
C. V. %	5.12	5.68

4.6.4.1 Efeito das fontes orgânicas

A densidade aparente do solo, influenciada por vários tratamentos de fontes orgânicas após a colheita do amendoim, é apresentada no Quadro 4.15. O exame minucioso dos dados indica que o efeito dos vários tratamentos de fontes orgânicas não mostrou nenhuma diferença estatística em relação à densidade aparente do solo. Embora numericamente a maior densidade aparente (1,29 g/cc) do solo após a colheita do amendoim tenha sido observada no tratamento F0 (sem estrume), enquanto o valor mais baixo (1,21 g/cc) foi observado no tratamento F_1 (FYM).

4.6.4.2 Efeito da cobertura morta

A leitura dos dados apresentados no Quadro 4.15 indica que a densidade aparente do solo após a colheita do amendoim não foi significativamente influenciada pela cobertura morta.

4.6.4.3 Efeito da interação

No caso da densidade aparente do solo após a colheita do amendoim, esta não foi significativa devido ao efeito de interação entre os diferentes níveis de fontes orgânicas e a cobertura vegetal.

4.6.5 Matéria orgânica (%)

Os resultados sobre a % de MO após a colheita da cultura do amendoim, influenciada por vários tratamentos de fontes orgânicas e cobertura morta, são apresentados no Quadro 4.15.

4.6.5.1 Efeito das fontes orgânicas

A matéria orgânica do solo influenciada por vários tratamentos de fontes orgânicas após a colheita do amendoim é apresentada no Quadro 4.15. O exame minucioso dos dados indicou que o efeito de vários tratamentos de fontes orgânicas não mostrou nenhuma diferença estatística em relação ao conteúdo de matéria orgânica do solo. Embora numericamente a matéria orgânica mais elevada (0,664%) do solo após a colheita do amendoim tenha sido observada no tratamento F1 (FYM), enquanto o valor mais baixo (0,621%) foi observado com a aplicação do tratamento F0 (sem estrume).

4.6.5.2 Efeito da cobertura morta

A leitura dos dados apresentados no Quadro 4.15 indica que o teor de matéria orgânica do solo após a colheita do amendoim não foi significativamente influenciado pelas diferentes coberturas vegetais.

4.6.5.3 Efeito da interação

No caso da matéria orgânica do solo após a colheita do amendoim, o efeito da interação entre os diferentes níveis de fontes orgânicas e a cobertura vegetal não foi significativo.

4.6 Nutrientes disponíveis no solo após a colheita

Os dados sobre o teor de nutrientes do solo após a colheita, influenciados por vários tratamentos de fontes orgânicas e cobertura morta no amendoim, são apresentados no Quadro 4.16.

4.6.6 Azoto disponível (kg/ha)

Os dados do Quadro 4.16 revelaram que o teor de azoto disponível no solo após a colheita foi significativamente alterado devido à aplicação de diferentes fontes orgânicas e de cobertura morta no amendoim.

4.6.6.1 Efeito das fontes orgânicas

Os dados apresentados no Quadro 4.16 indicam que o azoto disponível no solo após a colheita do amendoim foi significativo em relação a diferentes níveis de fontes orgânicas. A aplicação de vermicomposto (F2) registou uma disponibilidade significativamente mais elevada de azoto no solo após a colheita (249 kg/ha), que se manteve a par de todos os tratamentos, exceto a ausência de estrume (Controlo) (F0).

Isto pode ser atribuído ao papel benéfico dos adubos orgânicos na mineralização de nutrientes nativos e aplicados, para além do seu próprio conteúdo de nutrientes, o que aumentou o conjunto de nutrientes disponíveis no solo. De facto, nem todos os nutrientes disponíveis são absorvidos pelas plantas e o resto permanece no solo, o que melhora o estado dos nutrientes disponíveis no solo após a colheita. O valor mais elevado de N disponível com a aplicação de parcelas tratadas com estrume pode dever-se à adição direta e à libertação lenta de N do estrume adicionado ao solo. Estes resultados estão em conformidade com os de Bellakki *et al.* (1998), Nethra *et al.* (1999), Jat *et al.* (2012), Bhatt *et al.* (2013) e Rambuatsaiha *et al.* (2017).

4.6.6.2 Efeito da cobertura morta

A leitura dos dados apresentados no Quadro 4.16 indica que o azoto disponível no solo após a colheita do amendoim não foi significativamente influenciado pelos diferentes tratamentos de cobertura.

4.6.6.3 Efeito da interação

O azoto disponível no solo após a colheita do amendoim foi considerado não significativo devido ao efeito de interação dos diferentes níveis de fontes orgânicas e de cobertura vegetal.

Tabela 4.16: N disponível, P2O5 e K2O do solo influenciado por diferentes fontes orgânicas e cobertura morta após a colheita do amendoim

Tratamento	N disponível (kg/ha)	P2O5 disponível(kg/ha)	K2O disponível (kg/ha)
Inicial	**208**	**28.5**	**270**
[A] Fontes orgânicas (F)			
F_0 : Sem estrume (Controlo)	213	29.94	273
F_1 : 100% N através de FYM	236	33.86	281
F_2 : 100% N através de vermicomposto	249	36.81	286
F_3 : 100% N através do NADEP-Composto	245	35.77	282
F_4 : 100% N através de Bangalore-Compost	232	32.08	277
S.Em.±	7.23	1.067	5.17
C.D. (P=0,05)	20.00	3.00	NS
[B] Mulching (M)			
M_0 : Sem cobertura vegetal	234	33.26	279
M_1 : Mulch (palha de trigo) @ 2,5 t/ha	237	34.13	281
S.Em.±	4.57	0.67	3.27
C.D. (P=0,05)	NS	NS	NS
Interação (F×M)	NS	NS	NS
C. V. %	8.68	8.95	5.22

4.6.7 Fósforo disponível (kg/ha)

O conteúdo de fósforo disponível no solo após a colheita da cultura do amendoim, influenciado por diferentes tratamentos de fontes orgânicas e cobertura morta, é apresentado no Quadro 4.20.

4.6.7.1 Efeito das fontes orgânicas

Os dados apresentados na Tabela 4.15 indicam que o fósforo disponível no solo após a colheita do amendoim foi significativo em relação a diferentes fontes orgânicas. Uma aplicação de vermicomposto (F_2) registou uma disponibilidade significativamente mais elevada de fósforo no solo após a colheita (36,81 kg/ha) em relação aos restantes tratamentos, mas foi encontrado a par com FYM (F_1) e NADEP-Composto (F_3). A menor disponibilidade de fósforo no solo após a colheita (29,94 kg/ha) foi observada em nenhum estrume (F_0).

O aumento da disponibilidade de fósforo no solo pode ser atribuído aos ácidos orgânicos adicionados através de vermicomposto, FYM e composto NADEP. O principal modo de ação dos microrganismos que participam na dissolução do fósforo insolúvel foi através da atividade dos ácidos orgânicos produzidos durante a oxidação do carbono orgânico, como o ácido lático, butírico, acético, propiónico, glucónico, glicólico, oxálico, cítrico, *etc*., e também o CO_2 e vários produtos da atividade microbiana. Estes ácidos ajudam a libertar mais rapidamente o P bloqueado do fosfato de cálcio insolúvel e, assim, podem ter contribuído para a disponibilidade de P. Estes resultados estão de acordo com as conclusões de Jat *et al.* (2012) e Bhatt *et al.* (2013).

4.6.7.2 Efeito da cobertura morta

A leitura dos dados apresentados no Quadro 4.16 indica que o fósforo disponível no solo após a colheita do amendoim não foi significativamente influenciado pelas diferentes coberturas vegetais.

4.6.7.3 Efeito da interação

O fósforo disponível no solo após a colheita do amendoim foi considerado não significativo devido ao efeito de interação de diferentes níveis de fontes orgânicas e cobertura vegetal.

4.6.8 Potássio disponível (kg/ha)

Os dados sobre o teor de potássio disponível no solo após a colheita do amendoim, influenciado por diferentes fontes orgânicas e cobertura morta, são apresentados no Quadro 4.16

4.6.8.1 Efeito das fontes de matéria orgânica

Os dados apresentados no Quadro 4.15 indicam que o potássio disponível no solo após a colheita do amendoim não foi significativo em relação aos diferentes níveis de fontes orgânicas.

4.6.8.2 Efeito da cobertura morta

Uma leitura dos dados apresentados no Quadro 4.15 indica que o potássio disponível no solo após a colheita do amendoim não foi significativamente influenciado pelos tratamentos de cobertura.

4.6.8.3 Efeito da interação

Os dados relativos ao efeito de interação de diferentes níveis de fontes orgânicas e de cobertura vegetal no potássio disponível no solo após a colheita do amendoim não foram considerados significativos.

4.6.9 Contagem microbiana do solo após a colheita

Os dados sobre a contagem microbiana do solo após a colheita do amendoim, influenciada por diferentes fontes orgânicas e cobertura morta, são apresentados no Quadro 4.17

Tabela 4.17: População de *Rhizobium* e população de PSB no solo influenciada por diferentes fontes orgânicas e cobertura morta após a colheita do amendoim

Tratamento	População de *Rhizobium* na colheita (UFC/g de solo)	População de PSB na colheita (CFU/g de solo)
inicial	3,18 $(1,4 \times 10)^3$	4,17 $(2,4 \times 10)^4$
[A] Fontes orgânicas (F)		
F_0 : Sem estrume (Controlo)	3.61 (4.4×10^{3})	4.41 (3.4×10^{4})
F_1 : 100% N através de FYM	6.98 (8.7×10^{6})	6.67 (5.6×10^{6})
F_2 : 100% N através de vermicomposto	7.48 (2.9×10^{7})	7.92 (5.9×10^{7})
F_3 : 100% N através do NADEP-Composto	6.97 (7.62×10^{6})	7.44 (5.4×10^{7})
F_4 : 100% N através de Bangalore-Compost	5.61 (4.5×10^{5})	6.13 (4.9×10^{6})
S.Em.±	0.16	0.17
C.D. (P=0,05)	0.46	0.50

[B] Mulching (M)		
M_0 : Sem cobertura vegetal	5.24(2.2 x 10^{5})	6.01(6.07 x 10^{6})
M_1 : Mulch (palha de trigo) @ 2.5t/ha	6.92(3.9 x 10^{6})	6.90(6.90 x 10^{6})
S.Em.±	0.10	0.11
C.D. (P=0,05)	0.29	NS
Interação (F×M)	0.22	NS
C. V. %	7.20	6.76

Nota: transformação logarítmica. (Os dados entre parêntesis são valores originais)

4.6.9.1 Efeito das fontes orgânicas

Os dados relativos à contagem microbiana no solo após a colheita da cultura do amendoim, influenciada pela aplicação de diferentes fontes orgânicas de nutrientes, são apresentados no Quadro 4.17. Os dados revelaram que a contagem microbiana após a colheita da cultura foi significativamente influenciada pela aplicação de diferentes fontes orgânicas de nutrientes no amendoim. A aplicação de vermicomposto (F_2) registou uma população significativamente mais elevada *de Rhizobium* (2,9 x 10^7 CFU/g) e PSB (5,9 x 10^7 CFU/g) no solo após a colheita do amendoim. No entanto, a população de PSB permaneceu igual ao tratamento: NADEP-Composto (F_3).

A contagem microbiana mais elevada pode dever-se à disponibilidade de matéria orgânica abundante e a actividades microbianas eficazes devido ao fornecimento suficiente de material de alimentação para os microrganismos sob a forma de húmus na presença de vermicomposto. Os resultados estão muito próximos dos relatados por Kalra *et al.* (2010), Maji *et al.* (2017), Argaw e Mnalku (2017) e Mal *et al.* (2021).

4.6.9.2 Efeito da cobertura morta

Os dados apresentados na Tabela 4.17 indicam que a população de *Rhizobium* no solo após a colheita do amendoim foi significativa em relação aos níveis de cobertura morta. A aplicação de cobertura morta (palha de trigo) (M_1) registou uma população *de Rhizobium* no solo significativamente mais elevada (3,9 x 10^6) após a colheita, em comparação com a ausência de cobertura morta (M_0).

A leitura dos dados apresentados no Quadro 4.17 indica que a população de PSB no solo após a colheita do amendoim não foi significativamente influenciada pela cobertura morta.

A cobertura morta com palha aumentou o carbono e os nutrientes do solo, aumentando assim as abundâncias relativas de proteobactérias e bacteroidetes (Fierer *et al.*, 2007). A biota do solo aumenta num ambiente de solo com cobertura morta, melhorando assim o ciclo de nutrientes e a acumulação de matéria orgânica durante um período de vários anos (Holland, 2004). A cobertura morta de resíduos de culturas forneceu muitos alimentos para os macroinvertebrados do solo e nutrientes para assegurar o crescimento da vegetação e criou um ambiente adequado para os macroinvertebrados do solo (Sugiyarto. 2009). A maior humidade do perfil do solo sob cobertura vegetal tem implicações importantes na utilização da água pela cultura e nas reacções do solo que controlam a disponibilidade de nutrientes e a fixação biológica de azoto (Surya *et al.*, 2000). Os resultados estão muito próximos dos relatados por Zhang *et al.* (2020) e Dukare *et al.* (2020).

4.6.9.3 Efeito da interação

Os dados relativos ao efeito de interação de diferentes níveis de fontes orgânicas e de cobertura vegetal na *população de Rhizobium* e na população de PSB no solo após a colheita do amendoim não foram significativos.

4.7 ECONOMIA

A economia desempenha um papel importante na decisão sobre a adoção de um determinado tratamento pelos agricultores. Por isso, a realização bruta, a realização líquida e o rácio benefício/custo (BCR) são calculados para diferentes níveis de fontes orgânicas e cobertura morta e apresentados no Quadro 4.18.

Quadro 4.18: Economia influenciada por diferentes fontes orgânicas e cobertura morta

Tratamento	Rendimento de vagens (kg/ha)	Rendimento a granel (kg/ha)	Custo de cultivo (Rs/ha)	Realização bruta (Rs/ha)	Realização líquida (Rs/ha)	BCR
[A] Adubos orgânicos (F)						
Fo	2055	3339	37650	136140	98490	3.61
F1	2455	4107	46008	163820	117812	3.56
F2	2757	4615	47859	184000	136141	3.84
F3	2677	4424	46702	178090	131388	3.81
F4	2267	3940	47605	152750	105145	3.20
[B] Mulching (M)						
Mo	2396	4022	43591	160020	116429	3.67
M1	2489	4148	45509	165930	120421	3.64

Nota: O preço de venda da vagem é de 50,00 ('/kg), enquanto o preço do lombo é de 10,00 ('/kg).

4.7.1 Efeito das fontes orgânicas

Os dados apresentados na Tabela 4.18 mostraram que a maior realização líquida (Rs. 136141/ha) e BCR (3,84) foi recebida com a aplicação de vermicomposto (F2), seguida pela aplicação de NADEP-Composto (F3) com realização líquida de Rs. 131388/ha) e BCR de (3,81).

4.7.2 Efeito da cobertura morta

Além disso, os dados mostraram (Quadro 4.18) um rendimento líquido mais elevado (Rs. 120421/ha) no tratamento com cobertura morta (M1), ao passo que um BCR mais elevado (3,67) no tratamento sem cobertura morta (Mo).

CAPÍTULO 5

5. RESUMO E CONCLUSÃO

A produtividade das culturas depende em grande medida da aplicação equilibrada de diferentes fontes orgânicas, juntamente com a cobertura morta. O desequilíbrio e a aplicação indiscriminada de fertilizantes químicos e a fraca reciclagem de fontes orgânicas de azoto são alguns dos factores importantes para a degradação da saúde do solo. Os agricultores estão cada vez mais sensibilizados para o cultivo de culturas em sistema de agricultura biológica, devido ao aumento do custo dos fertilizantes químicos e à diminuição da fertilidade dos solos. Por conseguinte, é necessário desenvolver práticas agrícolas biológicas que possam aumentar a produção vegetal e manter a disponibilidade de nutrientes do solo numa cultura e numa sequência de culturas.

A experiência de campo intitulada **"Efeito de diferentes fontes orgânicas e da cobertura vegetal no crescimento, rendimento e qualidade do amendoim (*Arachis hypogaea* L.)"** foi realizada durante a estação *Kharif* do ano de 2021 em solo de areia argilosa na parcela A-10 na Quinta Agronómica, B. A. College of Agriculture, Anand Agricultural University, Anand. O campo experimental tinha uma topografia uniforme com um declive suave, com boa drenagem e textura de areia argilosa. O solo do campo experimental, a 0-15 cm de profundidade, era pobre em azoto disponível, médio em carbono orgânico e fósforo disponível e mais rico em potássio disponível. A experiência foi realizada num esquema de blocos aleatórios (FRBD) com 4 repetições. As dez combinações de tratamentos compreendendo cinco fontes orgânicas diferentes, ou *seja*, sem estrume (controlo) (F_0), FYM (F_1), vermicomposto (F_2), NADEP-composto (F_3), Bangalore-composto (F_4), e dois níveis de cobertura vegetal, *ou seja*, sem cobertura vegetal (M_0) e muito @ 2,5t/ha (palha de trigo) (M_1) foram incluídos na experiência para estudo. Os resultados e a discussão apresentados nos capítulos anteriores foram resumidos aqui sob os seguintes títulos.

5.1 EFEITO DE DIFERENTES FONTES ORGÂNICAS E DA COBERTURA VEGETAL NO AMENDOIM

5.2 EFEITO DE DIFERENTES FONTES ORGÂNICAS E DA COBERTURA VEGETAL NO ESTADO DOS NUTRIENTES DO SOLO APÓS A COLHEITA DO AMENDOIM

5.3 EFEITO DE DIFERENTES FONTES ORGÂNICAS E DA COBERTURA VEGETAL NA ECONOMIA

5.4 CONCLUSÃO

5.5 EFEITO DO ADUBO ORGÂNICO

5.1.1 Entre os caracteres de crescimento, a população de plantas aos 20 DAS e na colheita não foi afetada significativamente devido aos diferentes níveis de fontes orgânicas.

5.1.2 A aplicação de vermicomposto (F_2) produziu uma altura de planta significativamente maior e permaneceu a par com a aplicação de FYM (F_1), NADEP-composto (F_3) e Bangalore-composto (F_4) aos 30, 60 DAS e na colheita.

5.1.3 A aplicação de vermicomposto (F_2) produziu uma biomassa seca de raiz significativamente mais elevada e manteve-se a par com a aplicação de NADEP-composto aos 45 DAS. Enquanto a biomassa seca da planta aos 45 DAS não foi significativamente afetada pelos diferentes níveis de fontes orgânicas.

5.1.4 O peso seco do nódulo foi significativamente maior devido à aplicação do composto NADEP (F_3) sobre o resto dos tratamentos, mas foi encontrado a par com a aplicação de vermicomposto (F_2) e FYM (F_1) aos 45 DAS.

5.1.5 A aplicação de vermicomposto (F2) produziu um comprimento de raiz significativamente mais elevado
e manteve-se a par com a aplicação de FYM (F1), NADEP-composto (F3) e Bangalore-composto (F4) aos 45 DAS. E o número de ramos por planta foi significativamente maior com a aplicação de FYM (F1) e permaneceu a par com a aplicação de vermicomposto (F2), NADEP-composto (F3) e Bangalorecomposto (F4) na colheita.
5.1.6 A aplicação de vermicomposto (F2) produziu um número significativamente mais elevado de vagens por planta e manteve-se a par com a aplicação de FYM (F1) e composto NADEP (F3).
5.1.7 A aplicação de vermicomposto (F2) encontrou um rendimento significativamente superior de vagens e de lâminas e ambos permaneceram a par com a aplicação de NADEP-Composto (F3).
5.1.8 A percentagem de descasque foi significativamente mais elevada devido à aplicação de vermicomposto (F2) em relação aos restantes tratamentos, mas foi igual à aplicação de composto NADEP (F3) e FYM (F1).
5.1.9 O índice de sementes e o índice de colheita não foram significativamente afectados devido aos diferentes níveis de fontes orgânicas.
5.1.10 A aplicação de vermicomposto (F2) encontrou um rendimento de vagem significativamente superior e permaneceu a par com a aplicação de FYM (F1) e NADEP-composto (F3).
5.1.11 A aplicação de FYM (F1) encontrou um teor de óleo significativamente superior e permaneceu a par com a aplicação de vermicomposto (F2) e NADEP-Composto (F3).
5.1.12 A aplicação de vermicomposto (F2) influenciou significativamente a absorção de N, P e K pela amêndoa, pelo casco e pelo total da cultura, em comparação com outros níveis de fontes orgânicas, sendo o teor de K não significativo na amêndoa e no casco.
5.1.13 O K disponível no solo, OC, OM, B.D, EC e pH não foram significativamente afectados devido às diferentes fontes orgânicas.
5.1.14 O N e o P2O5 disponíveis no solo foram significativamente mais elevados devido à aplicação de vermicomposto (F2) em relação às restantes fontes orgânicas.
5.1.15 A aplicação de vermicomposto (F2) registou uma população microbiana significativamente mais elevada e manteve-se a par da aplicação de composto NADEP.

5.6 EFEITO DA COBERTURA VEGETAL

5.2.1 Efeito da cobertura morta na população de plantas, altura da planta, biomassa seca da planta e da raiz, número de ramos por planta, comprimento da raiz, número de vagens por planta, índice de sementes, % de descasque, índice de colheita, teor de proteínas, teor de óleo, rendimento da vagem e rendimento da casca, CE, pH, OC, B.D, O.M, N disponível, P2O5, e K2O, teor de N na casca, teor de P e K na amêndoa e na casca não foi considerado significativo.
5.2.2 O teor de N no grão e a população microbiana do amendoim foram significativamente influenciados pela aplicação de cobertura morta (palha de trigo) (M1) em relação ao resto do tratamento.

5.7 EFEITO DE INTERACÇÃO DAS FONTES ORGÂNICAS E DA COBERTURA VEGETAL

O efeito de interação das fontes orgânicas e da cobertura morta na população de plantas, altura da planta, biomassa seca da planta e da raiz, número de ramos por planta, comprimento da raiz, número de vagens por planta, índice de sementes, % de descasque, índice de colheita, teor de proteínas, teor de óleo, rendimento da vagem e rendimento da casca, CE, pH, OC, B.D, O.M, N disponível, P_2O_5, e K_2O, teor de N na casca, teor de N, P e K na amêndoa e na casca e população microbiana foi considerado não significativo.

5.8 EFEITO DE DIFERENTES FONTES ORGÂNICAS E DA COBERTURA VEGETAL NA ECONOMIA

Para uma boa recomendação de qualquer tratamento agronómico, é necessário calcular a economia do tratamento. Na presente investigação, a realização líquida máxima de ?136141/ha foi registrada sob a aplicação de vermicomposto (F_2) seguido pelo tratamento F3 (NADEP-composto), M1 (cobertura morta (palha de trigo) @ 2,5 t/ha) e F_1 (FYM) com realização líquida de ?131388/ha, ?120421/ha e ?117812/ha, respetivamente.

No caso do rácio custo-benefício, o rácio custo-benefício mais elevado de 3,84 foi registado sob a aplicação de F2 (vermicomposto) e foi seguido de perto pelo tratamento F3 (NAEP-composto) (3,81), M0 (sem cobertura morta) (3,67) e M1 (cobertura morta (palha de trigo) @ 2,5 t/ha) (3,64).

5.9 CONCLUSÃO

Tendo em conta os resultados obtidos no presente estudo, pode concluir-se que, para obter um maior rendimento das vagens, um melhor rendimento líquido e uma melhor saúde do solo, a cultura do amendoim *da quaresma* deve ser tratada com 20 kg de N/ha de vermicomposto, juntamente com 250 kg de PROM/ha.

REFERÊNCIAS

Abdel Rahman, A.H.Y., 1982b. Compositional Study on some Egyptian peanut varieties (Estudo da composição de algumas variedades de amendoim egípcio). Rivista Italiana Delle SOstanze Grasse, 59: 287-288.

Abdel-Rahman, A.H.Y., 1982a. Changes in chemical composition of peanut during development and ripening, Rivista Italiana Delle Sostanze Grasse, 59: 285286.

Adamaviciene, A., Romaneckas, K., Sarauskis, E., & Pilipavicius, V. (2009). Controlo não químico de ervas daninhas na cultura da beterraba sacarina sob um padrão de cultivo intensivo e de conservação do solo: II. Produtividade da cultura. *Agron. Res*, *7*, 143-148.

Adejumo, O.I., A.A. Alfa e A. Mohammed, 2005. Propriedades físicas da variedade branca Kano de amendoim bambara. Actas do Instituto Nigeriano de Engenheiros Agrónomos 27: 203-210 realizadas entre 12 e 15 de dezembro de 2005 em Yenegoa, Estado de Bayelsa.

Aechra, S., Yadav, B. L., Doodhwal, K., Bhinda, R., & Jat, L. Rendimento e absorção total de nutrientes influenciados pela salinidade do solo, fontes de fósforo e biofertilizantes no feijão-frade (*Vigna unguiculata* L.).

Aechra, S., Yadav, B. L., Ghosalya, B. D., & Bamboriya, J. S. (2017). Efeito da salinidade do solo, fósforo e biofertilizantes nas propriedades físicas do solo, atributos de rendimento e rendimento do feijão-caupi [*Vigna unguiculata* (L.) Wilczek]. *Journal of Pharmacognosy and Phytochemistry*, 6 (4), 1691-1695.

Ahmad, S., Raza, M. A. S., Saleem, M. F., Zaheer, M. S., Iqbal, R., Haider, I., & Khan, I. H. (2020). Significado da secagem parcial da zona radicular e coberturas para economia de água e supressão de ervas daninhas no trigo. *J. Anim. Plant. Sci*, 30 (1), 154162.

Ahmed, E.H. e C.T. Young, 1982. Composition, nutrition and flavour of peanut American Peanut Research and Education Society, Yoakum, Texas, pp: 655687.

Alami-Milani, M., Amini, R., Mohammadinasab, A. D., Shafaghkalvanegh, J., Asgharzade, A., & Emaratpardaz, J. (2013). Rendimento e componentes do rendimento da lentilha (*Lens culinaris* Medick.) afetados pelo estresse hídrico e cobertura morta. *Revista Internacional de Agricultura e Ciências Agrárias*, 5 (11), 1228.

Albiach R, Canet R, Pomares F, Ingelmo F (2000) Teor de biomassa microbiana e actividades enzimáticas após a aplicação de alterações orgânicas a um solo hortícola. BioresourTechno 175:43-48

Anónimo (2018). Direção de economia e estatística, Departamento de cooperação agrícola e bem-estar dos agricultores Gov. da Índia (2017-18).

Argaw, A., & Mnalku, A. (2017). Aplicação de vermicomposto como afetada pela inoculação de Rhizobium na nodulação e rendimento do feijão faba (Vicia faba L.). *Jornal Etíope de Ciências Agrícolas*, 27 (2), 17-29

Asiedu, J.J., 1992. Processing Tropical crops A technological Approach (Transformação de culturas tropicais: uma abordagem tecnológica). The Macmillan Press Publication Ltd segunda edição, pp: 43-84, 124-145, 167788.

Atiyeh RM, Dominguez J, Subler S, Edwards CA (2000) Alterações nas propriedades bioquímicas do estrume de vaca durante o processamento por minhocas (*Eisenia andrei*, Bouche) e os efeitos no crescimento das plântulas. Pedobiologia 44:709-724

Atiyeh, R.M., C.A. Edwards, S. Subler e J.D. Metzger, 2001. O vermicomposto de estrume de suíno como componente de um meio de cama para plantas hortícolas: Efeitos nas propriedades físico-químicas e no crescimento das plantas. Biores. Tech., 78 (1): 11-20

Ayyandurai, M., Akila, R., Manonmani, K., Mini, M. L., Vellaikumar, S., Brindhadevi, S., & Theradimani, M. Combined Application of Trichoderma IongibrachiatumT (SP)-20 and Trichoderma asperellum T (AR)-10 in the Management of Stem Root of Groundnut. *Legume Research-An International Journal*, *1*, 7.

Babu, M. V., Nataraja, K. C., Srihari, A., Reddy, B. S., Ravindrachary, G., & Rao, C. S. (2016). Impacto da gestão integrada de nutrientes a longo prazo no rendimento do amendoim e nas propriedades do solo na zona de chuvas escassas de Andhra Pradesh, Índia. Jornal Indiano de Ecologia, 43 (Edição Especial 1), 452-454.

Bairwa, P. C., Sammauria, R., & Gupta, K. C. (2019). Efeito direto e residual do PROM na produtividade, absorção de nutrientes, propriedades do solo e economia sob o sistema de cultivo de trigo e clusterbean. *Jornal de Salinidade do Solo e Qualidade da Água*, 11 (1), 84-89.

Bairwa, P. C., Sammauria, R., Gupta, K. C., Singh, P., & Meena, O. P. (2021). Efeito direto e residual do estrume orgânico rico em fósforo na mobilidade do fósforo: É a eficiência de uso e sustentabilidade na sequência de cultivo de feijão-trigo em cluster em solo alcalino de areia argilosa do Rajastão. *Journal of Soil Salinity and Water Quality*, 13 (1), 86-93.

Bansal, U.K., D.R. Satija e K.L. Ahuja, 1993. Oil composition of diverse groundnut (*Arachis hypogaea* L.) Genotypes in relation to different environment. J. Sci. Food Agri, 63: 17-19.

Basak, B. B., Biswas, D. R., & Pal, S. (2013). Propriedades bioquímicas do solo e qualidade dos grãos afetadas por adubos orgânicos e fertilizantes minerais no solo sob rotação milho-trigo. *Agrochimica*, *57*, 49-66.

Basu, M., Bhadoria, P. B. S. & Mahapatra, S. C. (2008). Crescimento, fixação de azoto, rendimento e qualidade do grão de amendoim em resposta a níveis de cal, fertilizantes orgânicos e inorgânicos. *Bioresource technology*, 99 (11), 4675-4683.

Bekele, G., Dechassa, N., Tana, T. & Sharma, J. J. (2019). Efeitos dos fertilizantes de azoto, fósforo e vermicomposto na produtividade do amendoim (*Arachis hypogaea* L.) em Babile, Etiópia Oriental.

Bhatia, C. R. (1983). Possibilities of seed protein improvement in tropical and subtropical legumes. Em *Seed Proteins* (pp. 451-480). Springer, Dordrecht.

Bhatnagar, V. K., Chaudhary, T. N. & Sharma, B. R. (1983). Effect of tillage and residue management on properties of two coarse-textured soils and on yield of irrigated wheat and groundnut. *Soil and Tillage Research*, 3 (1), 27-37.

Biswash, M. R., Rahman, M. W., Haque, M. M., Sharmin, M., & Barua, R. (2014). Efeito do potássio e vermicomposto no crescimento, rendimento e conteúdo de nutrientes do mungbean (BARI Mung 5). *Jornal de Ciência Aberta de Biociência e Bioengenharia*, 1 (3), 33-39.

Branch, W.D., T. Nakayama e M.S. Chinum, 1990. Variação de ácidos graxos entre cultivares de amendoim do tipo runner dos EUA. J. Am. oil Chem. Soc., 67: 591-593.

Chaudhary, J. H., Ramdev, R., Sutaliya, S. & Desai, L. J. (2015). Crescimento, rendimento, atributos de rendimento e economia do amendoim de verão *(Arachis hypogaea* L.) como influenciado pela gestão integrada de nutrientes. *Jornal de Ciências Aplicadas e Naturais*, 7 (1), 369-372.

Chavan, A. R., Chavan, S. A., Yadav, A. M., & Chavan, V. G. (2019). Efeito do Vermicomposto, Fosfato de Rocha, PSB e Diferentes Bio-produtos no Rendimento e Economia do Amendoim (*Arachis hypogea* L.). *Int. J. Curr. Microbiol. App. Sci*, 8 (12), 2031-2039.

Chavan, M. L. (2009). Efeito de coberturas orgânicas na conservação da humidade do solo e no rendimento do sorgo (M-35-1). *Revista Internacional de Engenharia Agrícola*, 2 (2).

Chavda, V. N. & Rajawat, B. S. (2015). Avaliação do desempenho do vermicomposto no rendimento das culturas de amendoim e algodão kharif. *International Journal of Forestry and Crop Improvement,* 6 (2), 127-131.

Choubey, P., Sirothia, P., & Chaturvedi, V. C. (2018). avaliação de diferentes adubos orgânicos no crescimento de grama verde [*vigna radiata* (l.)]. *Jornal de Recursos Naturais e Desenvolvimento*, 13 (1), 1-4.

Das, T., Debnath, P., Satpute, S. B. & Bandyopadhyay, S. (2015). Efeito do vermicomposto enriquecido com fósforo no crescimento e rendimento do amendoim (*Arachis hypogaea* L.) como influenciado pela eficiência do uso de fósforo no solo. *Jornal Indiano de Ciência e Tecnologia,* 8 (11), 1-11.

Das, T., Debnath, P., Satpute, S. B., & Bandyopadhyay, S. (2015). Efeito do vermicomposto enriquecido com fósforo no crescimento e rendimento do amendoim (Arachis hypogaea L.) como influenciado pela eficiência do uso de fósforo no solo. *Jornal Indiano de Ciência e Tecnologia*, 8 (11), 1-11.

Derise, N.L., H.A. Lau, S.J. Ritchey e E.W. Murphy, 1974. Rendimento, composição proximal e conteúdo mineral elementar de três cultivares de amendoim cru e torrado. J. Food Sci., 39: 264-266.

Dhingra, O. D., & Sinclair, J. B. (2017). Patologia Vegetal Básica, Métodos, Publicação CSB, Nova Deli. pp 179-190.

Dhonde, A. S., Raskar, B. S., Bhalekar, S. G., & Thorat, S. D. (2019). Efeito dos adubos orgânicos no rendimento, qualidade e absorção da cebola. *IJCS*, 7 (1), 494-496.

Donald, C. M., & Hamblin, J. (1976). O rendimento biológico e o índice de colheita dos cereais como critérios agronómicos e de melhoramento vegetal. Advances in Agronomy, 28, 301-364.

Donga, S., & Mathukia, R. K. Effect of Vermicompost Enriched with Biofertilizers, Bioagents and Micronutrients on Growth and Yield of Groundnut (*Arachis hypogaea* L.).

Dukare, A., Kannaujia, P., Kale, S., Indore, N., Singh, R. K., & Ram, S. (2020). O filme plástico e a cobertura orgânica aumentam a população microbiana da rizosfera, o crescimento das plantas e a absorção de minerais em tomate cultivado com baixo consumo de insumos na região noroeste da Índia. *Journal of Plant Nutrition*, 44 (6), 814-828.

Edwards CA, Burrows I (1988) The potential of earthworm composts as plant growth media. In: Edwards CA, Neuhauser (eds) Earthworms in environmental and waste management. SPB Academic Publishers, Países Baixos, pp 211-220

Edwards S e Hailu A (2011). Como fazer composto e utilizá-lo. In: Ching L L, Edwards S e Nadia H S (Eds), Climate Change and Food Systems Resilience in Sub-Sarahan Africa. FAO, Itália. Pp: 379- 436.

El-Sayed, A.S., R. Yahaya, P. Wacker e H.D. Kutzbach, 2001. International Agrophysics, 15:225-230. Weiss, E.A., 1983. "Oilseed Crops" Primeira edição, pp: 100- 117

Fierer, N., Bradford, M. A., e Jackson, R. B.: Toward an ecological classification of soil bacteria, Ecology, 88, 1354-1364, https://doi.org/10.1890/05-1839, 2007.

Gayathri, J. (2018). Uma análise de tendências da área, produção e rendimento do amendoim na Índia. *Journal of Economics*, 6 (3), 15-21.

Ghosh, P. K., Dayal, D., Bandyopadhyay, K. K. & Mohanty, M. (2006). Evaluation of straw and polythene mulch for enhancing productivity of irrigated summer groundnut. *Field Crops Research, 99* (2-3), 76-86.

Gill, B. S., Randhawa, R. S., Randhawa, G. S., & Singh, J. (1999). Resposta do açafrão-da-terra (*Curcuma longa* L.) ao azoto em relação à aplicação de estrume de curral e cobertura de palha. *Journal of Spices and Aromatic Crops*, 8 (2), 211214.

Goudar, P. K., Ramachandrappa, B. K., Thimmegowda, M. N., & Sahoo, S. (2017). Influência da rotação, uso de fontes orgânicas e inorgânicas de nutrientes no crescimento, rendimento e qualidade de *Eleusine coracana* (L.) Gaertn. *Environment & Ecology*, 35 (3C), 2306-2311.

Goverdhan, M. & Ramanjaneyulu, A. V. (2015). Impacto de emendas orgânicas e materiais de cobertura morta na produtividade e economia do amendoim de sequeiro cultivado em alfisols. *Ambiente e Ecologia*, 33 (2), 795-799.

Hiradeve, P. N., Deotale, R. D., Deogirkar, M. S. & Gaikwad, S. B. (2011). Eficácia das pulverizações foliares de lavagem de vermicomposto nos parâmetros químicos, bioquímicos, de rendimento e de contribuição para o rendimento do amendoim (*Arachis hypogeae* L.). *Journal of Soils and Crops*, 21 (2), 266-272.

Holland, J. M. (2004). As consequências ambientais da adoção da lavoura de conservação na Europa: Revisão de provas. Agriculture Ecosystems and Environment, 103: 1-25.

Jackson, M. L. (1973). Soil Chemical Analysis, Prentice Hall of India Pvt Ltd., New Delhi.

Jafari, M., Haghighi, J. A. P., & Zare, H. (2012). Impacto da cobertura morta no crescimento das plantas e na produção de pomares de figueiras de sequeiro em condições de seca. *Journal of Food, Agriculture & Environment*, 10 (1), 428-433.

Jat, R. S., Singh, V. V., Sharma, P., & Rai, P. K. (2019). Sementes oleaginosas de brássicas na Índia: Demanda, oferta, perspetiva política e potencial futuro. *OCL*, *26*, 8.

Joshi, R., Singh, J. & Vig, A. P. (2015). Vermicomposto como um fertilizante orgânico eficaz e agente de biocontrolo: efeito no crescimento, rendimento e qualidade das plantas. *Revisões em Ciência Ambiental e Bio/Tecnologia*, 14 (1), 137-159.

Kalra, A., Chandra, M., Awasthi, A., Singh, A. K., & Khanuja, S. P. S. (2010). Compostos naturais que aumentam o crescimento e a sobrevivência de inoculantes rizobianos em formulações à base de vermicomposto. *Biologia e fertilidade dos solos*, 46 (5), 521524.

Kamdi, T. S., Priti, S. & Sapna, J. (2014). Efeito do adubo orgânico e biofertilizantes na qualidade das sementes de amendoim *(Arachis hypogaea* L.). *The bioscan*, 9 (3), 10111013.

Karunakaran, V., Rammohan, J., Chellamuthu, V. e Poonghuzhalan, R. 2010. Efeito da gestão integrada de nutrientes no crescimento e rendimento do amendoim (*Arachis hypogaea*) na região costeira de Karaikal. Indian J. Agron. 55 (2): 128-132

Kashif, A., Weiyu, W., Ahmad, K., Guangxin, R., Zahir, A. M., Yongzhong, F., & Gaihe, Y. (2018). Cobertura morta de palha de trigo com nitrogênio fertilizante: Uma abordagem para melhorar o armazenamento de água no solo e a produtividade da cultura do milho. *Planta, Solo e Meio Ambiente*, 64 (7), 330-337.

Khan, A., & Ishaq, F. (2011). Análise química de nutrientes de diferentes compostos (Vermicomposto e Pitcomposto) e seu efeito no crescimento de uma cultura vegetativa Pisum sativum. *Asian Journal of Plant Science and Research*, *1* (1), 116130.

Khan, I. A., Ullah, Z., Hassan, G., Marwat, K. B., Jan, A., Shah, S. M. A., & Khan, S. A. (2011). Impacto de diferentes coberturas vegetais na flora de ervas daninhas e no rendimento do milho. *Pak. J. Bot*, 43 (3), 1601-1602.

Khaswa, S. L., Dubey, R. K., Tiwari, r. c., singh, s., choudhary, b. s., & singh, i. (2014). Conteúdo e absorção de nitrogênio e fósforo, balanço de nutrientes do solo e produtividade da soja sob diferentes níveis e fontes de fósforo e reguladores de crescimento de plantas em

Rajasthan subúmido. *The Bioscan*, 9 (1), 11071112.
Khaswan, S. L., Dubey, R. K., Tiwari, R. C., Dubey, S. K., & Chaudhary, R. K. (2016). Clorofila total, crescimento e produtividade da soja [*Glycine Max* (L) Merril] sob diferentes níveis e fontes de fósforo e reguladores de crescimento de plantas no sul de Rajasthan, Índia. *Legum Res*, 39 (2), 228-232.
Khurshid, K. A. S. H. I. F., Iqbal, M., Arif, M. S., & Nawaz, A. (2006). Efeito da lavoura e da cobertura vegetal nas propriedades físicas do solo e no crescimento do milho. *Internationaljournal of agriculture and biology*, 8 (5), 593-596.
Kumar, H. R., Janakiraman, N., Sheshadri, T., Gowda, J. V., & Mahantesh, V. (2012). Sistemas integrados de fornecimento de nutrientes orgânicos no crescimento e rendimento do amendoim (*Arachis hypogaea* L.). *Ambiente e Ecologia*, 30 (1), 118-121.
Kumar, H. R., Janakiraman, N., Sheshadri, T., Gowda, J. V., & Mahantesh, V. (2012). Sistemas integrados de fornecimento de nutrientes orgânicos no crescimento e rendimento do amendoim (*Arachis hypogaea* L.). *Ambiente e Ecologia*, 30 (1), 118-121.
Lenin, M., & Ravimycin, T. (2013). O efeito de diferentes níveis de vermicomposto (VC) sobre o conteúdo de nutrientes de (Arachis hypogaea L.) sob aplicação de fungos micorrizha Arbuscular (AMF) (Gloumus intraradices). *Ind. J. Sci. Res. and Tech*, 1 (2), 37-45.
Lindsay, W. L., & Norvell, W. A. (1978). Desenvolvimento de um teste de solo DTPA para zinco, ferro, manganês e cobre. Jornal da Sociedade Americana de Ciência do Solo, 42 (3), 421-428.
Lunagariya, D. D., Zinzala, V. J., Barvaliya, M. M., & Dubey, P. K. (2018). Efeito dos orgânicos no crescimento, rendimento, qualidade e economia do feno-grego (Trigonella foenum-graecum L.) cultivado em sistema de agricultura orgânica. *Journal of Pharmacognosy and Phytochemistry*, 7 (3), 2420-2424.
Lusas, E. W. (1979). Food uses of peanut protein. *Journal of the American Oil Chemists' Society*, 56 (3Part3), 425-430.
Mahrous, N. M., Safina, S. A., Abo-Taleb, H. H., & El-Sayed El-Behlak, S. M. (2015). Uso integrado de fertilizantes orgânicos, inorgânicos e biológicos no rendimento e na qualidade de duas cultivares de amendoim (Arachis hypogaea L.) cultivadas em um solo arenoso salino. *Am-Euras. J. Agric. & Environ. Sci*, 15 (6), 1067-1074.
Maji, D., Misra, P., Singh, S., & Kalra, A. (2017). O vermicomposto rico em ácido húmico promove o crescimento das plantas, melhorando a estrutura da comunidade microbiana do solo, bem como a nodulação das raízes e a colonização micorrízica nas raízes de Pisum sativum. *Applied soil ecology*, *110*, 97-108.
Mal, S., Chattopadhyay, G. N., & Chakrabarti, K. (2021). Integração microbiológica para melhoria qualitativa do vermicomposto. *Revista internacional de reciclagem de resíduos orgânicos na agricultura*, 10 (2), 157-166.
Manoharan, K., & Ganesamoorthi, R. (2015). Estado nutricional e potencialidade de promoção do crescimento vegetal de vermicomposto e biocomposto em *Vigna radiata*. *Revista Mundial de Farmácia e Ciências Farmacêuticas*, 4 (8), 830838.
Masih, M. R., Chandra, D. & Pareek, D. K. (2004). Estudos sobre a utilização de fosfato de rocha de alto grau compostado na cultura de amendoim cultivada em solos de areia argilosa. Phosphate Rich Organic Manure: *An Alternate to Phosphatic Fertilizers*, 88-92.
Mathivanan, S., Chidambaram Al A, S. P. & Bakiyaraj, R. (2012). Efeito do vermicomposto no crescimento e rendimento do amendoim (*Arachis hypogaea* L.). *Int. J. Environ. Biol*, 2 (1), 7-11.

Mathukia, R. K. (2014). Resposta do amendoim kharif *(Arachis hypogaea)* à disposição das terras, coberturas vegetais e gestão de nutrientes. Innoriginal: *Revista Internacional de Ciências.*

Maurya, A. C., Verma, S. K., Kumar, S. & Lakra, K. (2017). Concentração de nutrientes e sua absorção e nutrientes disponíveis no solo influenciados pela irrigação, cobertura morta e manejo integrado de nutrientes no amendoim de verão. *Int. J. Curr. Microbiol. App. Sci,* 6 (11), 2405-2415.

Maurya, A.C., S.K. Verma, S. Kumar e K. Lakra. (2017). Concentração de nutrientes e sua absorção e nutrientes disponíveis no solo influenciados pela irrigação, cobertura morta e manejo integrado de nutrientes no amendoim de verão. *Int. J. Current Microbiol. Appl. Sci.* 6 (11), 2405-2415.

Mihir, D. M., & Jagadeesh, K. Uma breve revisão do estrume orgânico rico em fosfato, 2016.

Mohamad, A. A. M., Assar, A. H. A., & Idris, S. E. Diversidade genética e caracteres radiculares de rendimento e componentes de rendimento de alguns genótipos selecionados de amendoim (*Arachis Hypogea* L.) em condições de irrigação, Estado de Gezira, Sudão.

Mokariya, L. K., Vaja, R. P., Malam, K. V., & Jani, C. P. (2021). Efeito do vermicomposto enriquecido com consórcios microbianos no crescimento, rendimento e qualidade do gergelim de verão (*Sesamum indicum* L.).

Mondal, M., Skalicky, M., Garai, S., Hossain, A., Sarkar, S., Banerjee, H., & Laing, A.M. (2020). Suplementação de nitrogênio em combinação com inoculação de rizóbio e cobertura morta do solo no sistema de produção de amendoim *(Arachis hypogaea* L.): Parte II. Efeito na fenologia, crescimento, atributos de rendimento, qualidade das vagens, rentabilidade e eficiência de utilização do azoto. *Agronomia*, 10 (10), 1513.

Munroe G (2007) Manual of On-farm Vermicomposting and Vermiculture. Publicação do Centro de Agricultura Biológica do Canadá, Nova Escócia

N. K. Jain, H. N. Meena & D. Bhaduri (2017) Melhoria na produtividade, eficiência do uso da água e dinâmica de nutrientes do solo do amendoim de verão (*Arachis hypogaea* L.) por meio do uso de cobertura morta de polietileno, hidrogel e gerenciamento de nutrientes, Comunicações em *Ciência do Solo e Análise de Plantas,* 48: 5, 549- 564, DOI: 10.1080 / 00103624.2016.1269792

Nagaraj, R., Hanumanthappa, M., & Kamath, S. (2018). Parâmetros de crescimento e rendimento do amendoim influenciados pela gestão integrada de nutrientes na zona costeira de Karnataka. *Journal of Pharmacognosy and Phytochemistry*, 7 (5), 27252729.

Naikwade, P. V. (2021). Influência do estrume da erva daninha Celosia argentea L. no rendimento do espinafre. *bioinfolet-a Quarterly Journal of Life Sciences*, 18 (1a), 64-68.

Naikwade, P. V., Sankpal, S. T., & Jadhav, B. B. (2012). Gestão de resíduos por compostagem, vermicompostagem e sua utilização para melhoria do crescimento, rendimento e qualidade do milho forrageiro. *ARPN Journal of Science and Technology*, 2 (5), 184-194.

Naikwade, P., Mogle, U., & Jadhav, B. (2011). Estudo comparativo de compostos aeróbios e anaeróbios preparados a partir de folhas de outono de Zea mays L. *Science Research Reporter*, 1 (2), 77-82.

Kumar, A. T. (2009). Efeito da FYM e do estrume líquido bio digerido no crescimento e rendimento do amendoim em condições de *sequeiro* [Tese de Doutoramento]. Universidade de Ciências Agrícolas, Bangalore.

Nawab, K., Ullah, A., Arif, M., Shah, P., Rab, A., Khan, M. A., & Khalid, K. (2011). Effect of FYM, potassium and zinc on phenology and grain yield of wheat in rainfed cropping systems. *Pak J Bot*, *43*(5), 2391-2396.

Nelson, R.G. e A.G. Carlos, 1995. Composição química do amendoim aborígene (*Arachis hypogeal* L). Sementes do Peru. J. Agri. Food Chem., 43: 102- 105.

Olsen, S. R., Cole, C. V., Watanabe, F. S. e Dean, L. A. (1954). Estimativa do fósforo disponível nos solos por extração com NaHCO3. Circular USDA, pp. 939.

Oroka, F. O. (2015). Resposta da cultura ao fertilizante mineral, vermicomposto e densidade na cultura intercalar de mandioca + amendoim.

Pancholly, S.K., A.S. Deshpande e S. Krall, 1978. Aminoácidos, teor de óleo e proteína de algumas cultivares selecionadas de amendoim proc. Am. peanut. Res. Educ. Soc., 10: 30-37.

Pandian, K., Subramaniayan, P., Gnasekaran, P. & Chitraputhirapillai, S. (2020). Efeitos da cobertura morta de resíduos de culturas e métodos de preparação da cama de sementes nas propriedades do solo e na produção de amendoim *de sequeiro* em Alfisols da Índia semi-árida.

Panse, V. J. e Sukhatme, P. V. (1967). Statistical methods for agricultural workers. I.C.A.R., Nova Deli. 2ª ed.

Pareek, N. K., Poonia, B. L., Sharma, R. K. & Singh, R. P. (2020). Efeito da gestão integrada do azoto e da pulverização foliar de ferro no rendimento, qualidade e economia do amendoim na região árida. *Jornal de Biologia Ambiental.*

Pareek, N. K., Poonia, B. L., Sharma, R. K., & Singh, R. P. (2020). Efeito da gestão integrada do azoto e da pulverização foliar de ferro no rendimento, qualidade e economia do amendoim na região árida. *Jornal de Biologia Ambiental.*

Polara, N. D., Parmar, H. N., & Viradiya, R. R. (2013). Efeito do material de cobertura morta no crescimento, rendimento e qualidade da melancia (*Citrullus lanatus* Thunb) Cv. Kiran. *Jornal Universal de Pesquisa Agrícola*, 1 (2), 30-37.

Patel, A. C., Patel, K. G., Dubey, P. K., Singh, S., & Kaswala, A. R. (2020). Efeito comparativo de diferentes níveis de adubos NADEP no teor de nutrientes e na qualidade de diferentes culturas cultivadas em fazendas orgânicas certificadas. *Journal of Pharmacognosy and Phytochemistry*, 9 (5), 611-614.

Patel, P. K., Viradiya, M. B., Kadivala, V. H., & Shinde, R. D. (2018). Efeito do potássio e do enxofre nos atributos de rendimento, rendimento e qualidade do amendoim de verão (*Arachis hypogaea* L.) na condição de Gujarat médio. *Int. J. Curr. Microbiol. App. Sci*, 7 (9), 2268-2273.

Pathma J, Sakthivel N (2012) Microbial diversity of vermicompost bacteria that exhibit useful agricultural traits and waste management potential (Diversidade microbiana de bactérias de vermicomposto que exibem caraterísticas agrícolas úteis e potencial de gestão de resíduos). Springer Plus 1:26. doi:10.1186/2193-1801-1-26

Patil, D. B., Pawar, P. P., Wadile, S. C., & Patil, H. M. (2017). Efeito da gestão integrada de nutrientes no crescimento e rendimento do amendoim kharif (Arachis hypogaea L.). *Int. J of Hort., Agric. and Food Sci*, 1 (1), 21-23.

Patra, P. S., Adhikary, P., Kheroar, S., Tamang, A., Sinha, A. C., & Mahato, D. (2017). Efeito direto e residual de orgânicos na sequência de cultivo de amendoim e milho. *Revista de Investigação em Ciências Agrárias*, 8 (2), 411-416.

Pervaiz, M. A., Iqbal, M., Shahzad, K., & Hassan, A. U. (2009). Efeito da cobertura vegetal nas propriedades físicas do solo e na concentração de N, P, K em rebentos de milho (Zea mays L.) em dois sistemas de lavoura. *Int. J. Agric. Biol*, 11 (2), 119-124.

Piper, C. S. (1966). Soil and Plant Analysis. Universidade de Adelaide, Academic Press, N.

V. Austrália.

Prabhudeva, D. S. (2018). Influência das práticas integradas de gestão de nutrientes com adubação verde in situ no rendimento e na qualidade da batata (*Solanum tuberosum* L.). *Revista Internacional de Ciências Agrárias, ISSN*, 09753710.

Priya, S., Mk, K., Roshan, C., & Deepak, K. (2021). Efeito do solo e aplicações foliares de chá de composto em caracteres de crescimento, qualidade e teor de nutrientes da soja [*Glycine max* (L.) Merrill] sob cultivo orgânico. *J Pharmacogn Phytochem*, 10, 2566-2569.

Radwan, S. M. A. & Awad, N. M. (2002). Efeito da alteração do solo com vários resíduos orgânicos com multi-biofertilizante no rendimento de plantas de amendoim em solo arenoso. *Journal of Agriculture Sciences of Mansoura Univ, 27*(5), 3129-3138.

Ramakrishna, K., Devi, K. S., Vani, K. P. & Sailaja, V. (2016). Evapotranspiração, atributos de rendimento e parâmetros de crescimento influenciados pelo manejo orgânico de nutrientes do amendoim. *Revista de Investigação em Ciências Agrárias*, 7 (2), 300-303.

Ramakrishna, K., Devi, K. S., Vani, K. P., & Sailaja, V. (2016). Evapotranspiração, atributos de rendimento e parâmetros de crescimento influenciados pelo manejo orgânico de nutrientes do amendoim. *Revista de Investigação em Ciências Agrárias*, 7 (2), 300-303.

Ramakrishna, K., Devi, K. S., Vani, K. P., & Sailaja, V. (2014) Caracteres de nódulos, plantas e rendimento de amendoim de mesa cultivado organicamente, influenciados pela gestão integrada de nutrientes.

Rao, S. S. & Shaktawat, M. S. (2001). Efeito do adubo orgânico, fósforo e gesso no crescimento, rendimento e qualidade do amendoim (*Arachis hypogaea* L.). *Revista indiana de fisiologia vegetal*, 6 (3), 306-311.

Rathod, S., Singh, K. N., Patil, S. G., Naik, R. H., Ray, M., & Meena, V. S. (2018). Modelagem e previsão da produção de sementes oleaginosas da Índia por meio de técnicas de inteligência artificial. *Indian J. Agric. Sci*, 88 (1), 22-27.

Rathour, D. K., Gupta, A. K., Choudhary, R. R., & Sadhu, A. C. (2015). Efeito da gestão integrada de fósforo no crescimento, atributos de rendimento e rendimento da grama verde de verão (*Vigna radiata* L.). *The Bioscan*, 10 (1), 05-07.

Ravichandra, K., Jyothi, C. N., Singh, B. J., Kupakar, A., Dawson, J., & Yogi, K. (2015). Efeito de micronutrientes e estrume de quintal no rendimento e qualidade do amendoim (*Arachis hypogaea.* L) nas partes orientais de Uttar Pradesh. *New Agric*, 26, 213-217.

Ravikumar, C., Ganapathy, M., Ganesamoorthy, D., Karthikeyan, A., Saravanaperumal, M., & Murugan, G. (2019). efeito do inm no crescimento, rendimento e parâmetros de qualidade do amendoim irrigado (Arachis hypoagea l.) var. vri-2 para solos franco-arenosos. *Arquivos de Plantas*, 19 (2), 745-749.

Sadeghi, S. M., Rad, H. G., & Hashemi, S. A. (2014, janeiro). Examinando o Efeito do Estrume Fosfatado e Micorrízico e sua Interação com Vermicomposto no Desempenho e Componentes Funcionais do Amendoim. Em *Fórum Biológico* (Vol. 6, No. 1, p. 33). Tendência de pesquisa.

Sadek, I. I., Youssef, M. A., Solieman, N. Y., & Alyafei, M. A. M. (2019). Resposta das propriedades do solo, crescimento, rendimento e qualidade dos frutos de plantas de melão (*Cucumis melo* L.) à cobertura orgânica. *Merit Res. J. Agric. Sci. Soil Sci*, 7 (9), 106-122.

Sahni S, Sarma BK, Singh DP, Singh HB, Singh KP (2008) O vermicomposto melhora o desempenho das *rizobactérias* promotoras do crescimento das plantas na *rizosfera de Cicer arietinum* contra *Sclerotium rolfsii.* Crop Protect 27:369-376

Saini, J. P., Rameshwar, K., Kumar, R. & Upadhyay, R. G. (2015). Efeito do tratamento de

sementes e diferentes compostos no desempenho do Blackgram (*Vigna mungo* L.) em condições de meia colina de Himachal Pradesh. *Environment Conservation Journal,* 16 (1 & 2), 9-12.
Sarade, P. K., Andhale, R. P. & Ughade, S. R. (2016). O efeito da gestão integrada de nutrientes no crescimento, rendimento e qualidade do amendoim de verão. *Avanço em Ciências da Vida*, 5 (2), 466-470.
Sarade, P. K., Andhale, R. P., & Ughade, S. R. (2016). O efeito da gestão integrada de nutrientes no crescimento, rendimento e qualidade do amendoim de verão. *Avanço em Ciências da Vida*, 5 (2), 466-470.
Sekhar, D., Kumar, P. P., & Rao, K. T. (2014). Efeito do composto de casca de café no crescimento e rendimento do arroz. *Jornal da Academia e Pesquisa Industrial*, 3 (4), 195-197.
Sekhon, K.S., K.L. Ahuja, R.S. Sandhu e I.S. Bhatia, 1972. Variabilidade na composição de ácidos gordos do amendoim. *J. Sci. Food Agri*, 23: 919-924.
Shah, S. S. H., Hassan, A., Ghafoor, A., & Bakhsh, A. (2013). Caraterísticas físicas do solo e rendimento de trigo e milho afetados por materiais de cobertura morta e métodos de semeadura. *Soil Environ*, 32 (1), 14-21.
Sharma, P., Meena, R. S., Kumar, S., Gurjar, D. S., Yadav, G. S., & Kumar, S. (2019). Crescimento, rendimento e qualidade do feijão cluster (*Cyamopsis tetragonoloba*) como influenciado pelo manejo integrado de nutrientes no sistema de cultivo de becos. *Indian JAgric Sci*, 89 (11), 1876-1880.
Sharma, R. K., Sharma, S. K., & Dangi, N. L. (2016). Influência de diferentes fontes de nutrientes orgânicos na produtividade e rentabilidade do amendoim (Arachis hypogaea L.) no sul do Rajastão, Índia. *Indian Journal of Agricultural Research*, 50 (6), 623-626.
Sharmila, D., Rebecca, L. J., & Anbuselvi, S. (2019). Análise morfológica de *Arachis hypogea* e avaliação de promotores de crescimento orgânico. *Invenção de drogas hoje*, *11* (5).
Shen, J. Y., Zhao, D. D., Han, H. F., Zhou, X. B., & Li, Q. Q. (2012). Efeitos da cobertura morta de palha nas caraterísticas de consumo de água e no rendimento de diferentes tipos de plantas de milho de verão. *Planta, Solo e Ambiente*, 58 (4), 161-166.
Shroti, S. K., Pathak, A., Tiwari, A., Gupta, A., & Chauhan, S. K. (2018). Análise morfológica, fisiológica e de rendimento de grama preta sob diferentes níveis de FYM, PSB e fósforo. *Int. J. Chem. Stud*, 6 (3), 403-411.
Singh H e Reddy MS (2011) Efeito da inoculação com fungos solubilizadores de fosfato no crescimento e na absorção de nutrientes de plantas de trigo e milho fertilizadas com fosfato de rocha em solo alcalino. Jornal Europeu de Biologia do Solo 47: 3034.
Singh, G.P., Singh, P.L. e Panwar, A.S. 2011. Resposta do amendoim (*Arachis hypogaea* L.) ao biofertilizante, fontes orgânicas e inorgânicas de nutrientes no nordeste da Índia. Legume Res. 34(3): 196 - 201.
Sinkeviciene, A., Jodaugiene, D., Pupaliene, R., & Urboniene, M. (2009). A influência das coberturas orgânicas nas propriedades do solo e no rendimento das culturas. *Agronomy Research*, 7 (1), 485-491.
Sipai, a., Sevak, k., Addangadi, K., & Chaudhary, A. (2018). Influência de diferentes módulos no rendimento, absorção de nutrientes e propriedades físico-químicas do solo de mothbean [*Vigna aconitifolia* (Jacq.) Marchel]. *Journal of Crop and Weed*, 14 (1), 44-49.
Sireesha, P. G., Padmaja, G., & Babu. V. S., (2017). Efeito das fontes orgânicas e inorgânicas de nutrientes no N disponível, P, K e rendimento do amendoim de sequeiro. *Environment & Ecology*, 35 (4D), 3246-3249.

Soheil R, Hossien M H, Gholamreza S, Leila H, Mozhdeh J e Hassan E (2012). Efeitos de resíduos municipais compostados e seu lixiviado em algumas propriedades químicas do solo e respostas de plantas de milho. *Int. Jornal de Agricultura*: Pesquisa e Revisão. Vol., 2 (6), 801-814.

Subbiah, B. V., & Asija, H. L. (1956). Um procedimento rápido para estimar o azoto disponível no solo. Current Science, 25, pp. 259-260.

Sugiyarto, M. (2009). O efeito da tecnologia de cobertura morta para aumentar a diversidade de macro invertebrados do solo em sistemas agro-florestais baseados em sengon. Biodiversitas, 10:129-133.

Surya, J. N. Puranik, J. B. Zadode, S. D. e Deshmukh, S. D. (2000). Effect of wheat straw incorporation on yield of green gram and wheat, soil fertility and microbiota. Jornal da Universidade Agrícola de Maharashtra, 25: 158-160.

Sutariya, B. A., Mistry, J. J. & Patel, V. M. (2015). Mecanização na Agricultura com Respeito às Culturas de Batata e Amendoim. *Ensino Superior,* 18 (30.00), 10.

Suthar, S., Tiwari, L., Garg, R. C. & Singh, I. (1974). Mineral nutrition in higher plants. Academic Press, Orlando.,Tomati U, Grappelli A, Galli E (1988) FL.

EUA. *Environmentalist. 2007, 27* (1):329-335. O efeito hormonal dos moldes de minhoca no crescimento das plantas. Biol Fertil Soils 5:288-294

Din, S., Ramzan, M., Khan, R., Rahman, M. U., Haroon, M., Khan, T. A., & Samad, A. (2013). Impacto das práticas de lavoura e cobertura morta na biomassa de ervas daninhas e componentes de rendimento do milho em condições de sequeiro. *Jornal paquistanês de pesquisa científica de ervas daninhas*, 19 (2).

Ullasa, M. Y., Pradeep, S., & Naik, A. K. (2018). Efeito a longo prazo de diferentes práticas de gestão de nutrientes orgânicos no crescimento, rendimento do feijão de campo (*Dolichos lablab* L.) e propriedades do solo. *Revista Internacional de Microbiologia Atual e Ciências Aplicadas*, 7 (10), 51-62.

Umadevi, G. D., Sunitha, N., & Ramu, Y. R. (2018). Influência de várias fontes orgânicas na nodulação, atributos de rendimento e rendimento do amendoim (*Arachis hypogaea* L.). *Journal of Pharmacognosy and Phytochemistry*, 7 (3), 32303233.

Van Chandra Reddy, K. P., Murthy, I. Y. L. N., & Mahadevappa, s. g. in flu ence of inm prac tices on dif fer ent qual ity pa ram e ters of maize and ground nut in maize-ground nut crop ping sequence in alfisols.

Vedpathak, M. M., & Chavan, B. L. (2016). Efeitos dos fertilizantes orgânicos e químicos no crescimento e rendimento da cebola (Allium cepa L). *Revista Internacional de Meio Ambiente, Agricultura e Biotecnologia*, 1 (4), 238630.

Vedpathak, M. M., & Chavan, B. L. (2016). Estudos sobre o impacto de fertilizantes orgânicos e químicos no crescimento e rendimento do girassol (*Helianthus Annuus* L). *Volume do Journalfor Research*, 2 (10).

Verma, U. K., Kumar, R., Kumar, A., Kumar, S., & Prajapati, M. K. (2017). Efeito integrado de adubos orgânicos e fertilizantes inorgânicos no crescimento, rendimento e atributos de rendimento de Radish Cv. Kalyanpur safed. *Journal of Pharmacognosy and Phytochemistry*, 6 (6), 826-828.

Vishwakarma, A.K., Brajendra, Pathak, K.A. e Ramakrishna, Y. 2012. Efeito de diferentes fontes de aplicação de nutrientes na produtividade, absorção de nutrientes e economia do amendoim (Arachis hypogaea L.) no distrito de Kolasib de Mizoram *Indian J. of Soil Conservation*. 40 (2): 152-157.

Vyshnavi, A., Rao, P. M., Kumari, A. L., & Lakshman, K. (2021). Impacto da gestão do fósforo juntamente com FYM e bio-inoculantes no rendimento e atributos de rendimento do amendoim.

Walkley, A. e Black, I. A. (1934). An examination of Degtjarej method for determining soil organic matter and a proposed modification of the chromic acid titration method. Soil Science, 37, 29-37

Weldu, N., & Dejene, M. (2019). Avaliação do agente de biocontrolo e da cobertura morta de palha de trigo no rendimento e nos componentes do rendimento dos genótipos de amendoim *(Arachis hypogaea* L.) em Central Tigray, norte da Etiópia. *Jornal* Africano *de Investigação Agrícola,* 14 (32), 1443-1453.

Woodroof, J.G., 1983. Peanuts, production processing, products 3rd edition AVI publising company, Inc., Westport Connecticut. Westport Connecticut.

Y adav, S. K., Sharma, S. K., Choudhary, R., Jain, R. K., & Jat, G. (2020). Desempenho do rendimento e economia das variedades de trigo em agricultura biológica. *Indian Journal of Agricultural Sciences*, 90 (11), 2225-32.

Y an, F., Sun, Y., Xu, H., Yin, Y., Wang, H., Wang, C., & Ma, J. (2018). Efeitos da aplicação de cobertura morta de palha de trigo e manejo de nitrogênio no crescimento da raiz do arroz, acúmulo de matéria seca e qualidade do arroz em solos de diferentes fertilidades. *Paddy and Water Environment*, 16 (3), 507-518.

Y in, W., Chai, Q., Guo, Y., Feng, F., Zhao, C., Yu, A., & Hu, F. (2016). Análise da dinâmica do índice de área foliar e componentes do rendimento de grãos de trigo e milho consorciados sob cobertura de palha combinada com lavoura reduzida em ambientes áridos. *J. Agric. Sci*, 8 (4), 26-42.

Young, C.T. e G.R. Waller, 1972. Rapid oleic/linoleic microanalytical procedure for peanuts. *J. Agri. Food Chem.*, 20: 116-118.

Zhang, J., Yang, J., Yao, Yu, & Hou, X. (2014). Os efeitos do esterco de curral e da cobertura morta nas propriedades físicas do solo em um solo afetado por sal de maré costeira recuperado. *Journal OfIntegrative Agriculture,* 13 (8), 1782-1790.

Zhang, S., Wang, Y., Sun, L., Qiu, C., Ding, Y., Gu, H., & Ding, Z. (2020). A cobertura morta orgânica regula positivamente as comunidades microbianas do solo e as funções do ecossistema na plantação de chá. *BMC microbiologia*, 20 (1), 1-13.

Fan, F. R., Tian, Z. Q., & Wang, Z. L. (2012). Gerador triboelétrico flexível. Nano energy, 1(2), 328-334.

Poonia, N., Lather, V., & Pandita, D. (2018). Nanopartículas de sílica mesoporosa: um nanosistema inteligente para o tratamento do câncer de mama. Descoberta de drogas hoje, 23 (2), 315-332.

Chatterji, R. (2014). Efeito residual do vermicomposto e fertilizantes inorgânicos no crescimento do brócolis e do feijão-caupi, rendimento e fertilidade do solo para a região leste do Himalaia. Em: 2ª Conferência Internacional sobre Ciências Agrícolas e Horticultura, Hyderabad, 3-5 de fevereiro de 2014.

Bhadu, K.; Agrawal, K. K., e Choudhary, R. (2018). Rendimento e desempenho econômico da grama verde como influenciado pela gestão de nutrientes na agricultura orgânica. Jornal Internacional de Microbiologia Atual e Ciências Aplicadas. 7(3): 3565-3572.

Mathur, K. 2000. Effect of Rhizobium inoculation and various sources of nitrogen on growth and yield of summer greengram [Vigna radiata (L.) Wilckzek]. Tese de Mestrado C.C.S.H.A.U., Hisar.

Thamaraikannan, M., Palaniappan, G., & Dharmalingam, S. (2009). Groundnut: O rei das sementes oleaginosas. Estudo de mercado, Índia.

Reddy, Nigam, S. N., Chandra, S., Sridevi, K. R., Bhukta, A. G. S., Rachaputi, N. R., & Nagda, A. K. (2005). Eficiência das abordagens de seleção empírica e baseada em caraterísticas fisiológicas para a tolerância à seca no amendoim. *Annals of applied biology,* 146(4), 433-439.

Arshad, F., Irfan, M., Shakir, H. A., Tabbsum, F., & Qazi, J. I. (2009). Otimização de pré-tratamentos com ácido sulfúrico diluído de cascas de amendoim através do desenho Box-Bhenken para a produção de celulase por Bacillus subtilis K-18. Punjab University Journal of Zoology, 32(1), 81-90.

Tak, S. I. T. A. R. A. M.; Sharma, S. K., e Reagar, M. L. (2014). Efeito do vermicomposto e do zinco nos atributos de rendimento, rendimento e qualidade do greengram [Vigna radiata (L.)Wilczek] no Rajasthan árido. International Journal of Agricultural Sciences. 10(1), 138-141.

Ramesh, P.; Singh, M., Panwar, N.R., Singh, A.B. e Ramana, S. 2006. Resposta de variedades de feijão-caupi (Cajanus cajan) a adubos orgânicos e a sua influência na fertilidade e atividade enzimática do solo. Indian Journal of Agricultural Sciences. 76(4) 252-254.

Kumawat, N.; Kumar, R., e Sharma, O. P. (2009). Absorção de nutrientes e rendimento de feijão-mungo [Vigna radiata (L.) Wilczek] influenciado por adubos orgânicos, PSB e fertilização com fósforo. *Meio Ambiente e Ecologia.* 27(4B): 2002-2005.

Wagadre, N.; Patel, M.V. and Patel, H. K. (2010).Response of summer greengram (Vigna radiata L.) to vermicompost and phosphorus with and without PSB inoculation. In: *Seminário* a nível estatal *sobre agricultura biológica*, Navsari, pp. 111114.

APÊNDICES

Apêndice - I: Despesas de cultivo e outras informações relativas às despesas efectuadas.

(A) Pormenores do custo operacional:

Sr. Não.	Particularidades		Custo ('/ha)
A. Preparação do terreno			
1.	Cultivo de tractores (4 horas a 300/h)		1200
2.	Arroteamento e aplainamento (3 horas a 300/h)		900
B. Semente 120 kg/ha @ Rs. 150/kg			18000
C. Semeadura			
1.	Preparação de canteiros, feixes e canais de irrigação [Trator (1 hr @ ' 300/hr) + 1 L @ ' 268/dia]		568
2.	Custo da sementeira (1 L @ 268 '/dia) 5 L por 1 dia		1340
D. Operação de pós-tratamento			
1.	Interculturas manuais (1 vez a 2 L)		536
2.	Monda manual (1 vez @ 5 L)		1340
3.	Regas (2 regas x ' 600/ha) + Taxa de aplicação (1 L x 2 regas x ' 268/dia)		1736
4.	Mulching (1 L @ 268/dia) 4L por 1 dia		1072
5.	*Trichoderma* @ 2,5 kg/ha (' 100/kg) *Pseudomonas* @ 2,5 kg/ha (' 100/kg) *Metarhizium anisopliae* @ 2,5 kg/ha (' 100/kg)	Taxa de aplicação (1 L @ 268 '/dia)	1018
E. Colheita (12 L)			3216
F. Debulha e limpeza de cereais (14 L)			3752
G. Receitas fundiárias			400
Custo total da cultura			35078

(B) Quantidade de adubos orgânicos e biofertilizantes necessários de acordo com os tratamentos:

Sr. Não.	Tratamentos	Quantidade necessária (kg ou L /ha)					
		Vermicomposto	FYM	NADEP-Composto	BangaloreCompost	PROM	Trigo palha
[A] Fontes orgânicas (F)							
Fo	Sem estrume (Controlo)						
Fi	FYM		1984			250	
F2	Vermicomposto	618				250	
F3	Nadep- composto			1315		250	
F4	Bangalorecomposto				2777	250	
[B] Mulching (M)							
Mo	Sem cobertura vegetal					250	
Mi	Cobertura morta (palha de trigo) @ 2.5t/ha					250	2.5 t/ha

(C) Custo total incorrido para os diferentes tratamentos:

Sr. Não.	Tratamentos	Custo do tratamento (/ha)							
		Vermicomposto	FYM	NADEP-Composto	Bangalore-Composto	PROM	Palha de trigo	Custo da aplicação	Custo total
[A] Fontes orgânicas (F)									
F_0	Sem estrume (Controlo)								
Fi	FYM		**1984**			**5000**		**804**	**7788**
F_2	Vermicomposto	**3708**				**5000**		**804**	**9512**
F_3	Nadep- composto			**2630**		**5000**		**804**	**8434**
F_4	Bangalore - composto				**3471**	**5000**		**804**	**9275**
[B] Mulching (M)									
M_0	Sem cobertura vegetal					5000		536	5536
Mi	Cobertura morta (palha de trigo) @ 2.5t/ha					5000	1250	1072	7322

(D) Taxa de vários factores de produção e itens:

N.º Sr.	Dados	Custo C)
1.	FYM	' 1/kg
2.	Vermicomposto	' 6/kg
3.	Composto NADEP	'2/kg
4.	Composto de Bangalore	' 1,25/kg
5.	PROM	' 20/lit.
6.	Palha de trigo	' 0,5/litro.
8.	Encargos de mão de obra (L)	' 268/dia

O preço de venda da vagem de amendoim: **50 Vkg**

O preço de venda do lanço de amendoim: **10 Vkg**

(E) Custo total incorrido para os diferentes tratamentos:

Tratamentos	Custo comum (/ha)	Custo do tratamento (/ha)	Custo total do tratamento (/ha)	Juros da coluna (C) a 12% durante 4 meses (/ha)	Taxa de supervisão da coluna (C) @ 10% por 4 meses (/ha)	Custo total do cultivo (/ha)
[A] Fontes orgânicas (F)						
F_0	**35078**	**-**	**35078**	**1403**	1169	**37650**
F_1	**35078**	**7788**	42866	1714	1428	46008
F_2	**35078**	**9512**	44590	1783	1486	47859
F_3	**35078**	**8434**	43512	1740	1450	46702
F_4	**35078**	**9275**	44353	1774	1478	47605
[B] Mulching (M)						
M_0	**35078**	**5536**	**40614**	**1624**	**1353**	**43591**
Mi	**35078**	**7322**	42400	1696	1413	45509

(F) Economias influenciadas pela aplicação de diferentes fontes orgânicas de nutrientes na grama verde:

Tratamentos	Produção de vagens (kg/ha)	Rendimento do transporte	Custo total da cultura (Vha)	Realização bruta (/ha)	Realização líquida (Vha)	BCR
[A] Fontes orgânicas (F)						
F_0	2055	3339	37650	136140	98490	3.61
Fi	2455	4107	46008	163820	117812	3.56
F_2	2757	4615	47859	184000	136141	3.84
F_3	2677	4424	46702	178090	131388	3.81
F_4	2267	3940	47605	152750	105145	3.20
[B] Mulching (M)						
M_0	2396	4022	43591	160020	116429	3.67
Mi	2489	4148	45509	165930	120421	3.64

Apêndice II: Análise de variância (quadrado médio) para atributos de crescimento

Fonte de variação	df	População de plantas		Altura da planta			Comprimento da raiz (cm)	Número de ramos na colheita	Peso seco dos nódulos (mg/planta)	Biomassa seca da planta (g)	Biomassa seca da raiz (g)
		em 20 DAS	na colheita	Aos 30 DAS (cm)	aos 60 DAS (cm)	na colheita (cm)					
Replicação	3	0.1187	0.1253	1.1317	9.0167	10.6250	1.815	0.9157	19.268	1.1365	0.0091
F	4	0.4335	0.8775	5.2835	11.5688	94.21	3.604	5.0275	302.73	0.9460	0.0585
M	1	0.0000	0.3240	1.0890	3.0250	1.225	0.689	0.2250	23.731	0.0265	0.0055
F × M	4	0.0725	0.2065	0.2365	2.0562	0.1312	0.071	0.1025	0.8297	0.0257	0.0021
Erro	27	0.3490	0.4209	1.1761	3.2898	21.0926	0.913	0.8920	58.343	0.4752	0.0150

Apêndice III: Análise de variância (quadrado médio) para vários atributos de rendimento, parâmetros de rendimento

Fonte de variação	df	N.º de vagens/planta	Rendimento do grão (kg/ha)	Rendimento a granel (kg/ha)	Índice de sementes (g)	Descasque %	Índice de colheita %
Replicação	3	1.846	25851.56	95260.95	17.53	24.28	18.47
F	4	31.52	669979.15	1949297.75	40.31	41.62	5.49
M	1	3.72	86118.40	160402.22	2.07	8.33	1.64
F × M	4	0.3535	945.400	1701.72	0.564	0.79	0.246
Erro	27	5.1263	56527.99	132759.79	15.12	13.66	8.94

Apêndice IV: Análise de variância (quadrado médio) para vários parâmetros de qualidade e análise de plantas

Fonte de variação	df	Teor de proteínas (%)	Teor de óleo (%)	Teor de N nas sementes	Teor de P nas sementes	Teor de K nas sementes
Replicação	3	7.386	19.90	0.0051	0.0036	0.0201
F	4	22.26	53.51	0.6584	0.0169	0.0202
M	1	12.08	10.40	0.1626	0.0029	0.0106
F × M	4	0.707	0.20	0.0012	0.000	0.0008
Erro	27	4.408	11.99	0.0345	0.0028	0.0091

Apêndice V: Análise de variância (quadrado médio) para vários parâmetros de análise de plantas

Fonte de variação	df	Teor de N no lanço	Teor de P no haulm	Teor de K no hilo
Replicação	3	0.0139	0.0015	0.0442
F	4	0.4963	0.0151	0.0092
M	1	0.0318	0.0009	0.0040
F × M	4	0.0002	0.000	0.0001
Erro	27	0.0111	0.0016	0.0037

Apêndice VI: Análise de variância (quadrado médio) para vários parâmetros da análise do solo

Fonte de variação	df	CE	pH	OC	N disponível (kg/ha) no solo após a colheita	P disponível (kg/ha) no solo após a colheita	K disponível (kg/ha) no solo após a colheita	OM %	B.D (g/cc)
Replicação	3	0.0002	0.0293	0.0004	749.13	9.724	107.13	0.0034	0.0052
F	4	0.0012	0.0124	0.0010	1530.63	61.49	186.96	0.0033	0.0071
M	1	0.0007	0.0088	0.0008	89.91	7.55	44.10	0.0026	0.0051
F × M	4	0.0000	0.0519	0.0001	4.791	0.133	1.662	0.0009	0.0000
Erro	27	0.0005	0.2236	0.0004	418.33	9.101	214.429	0.0013	0.0041

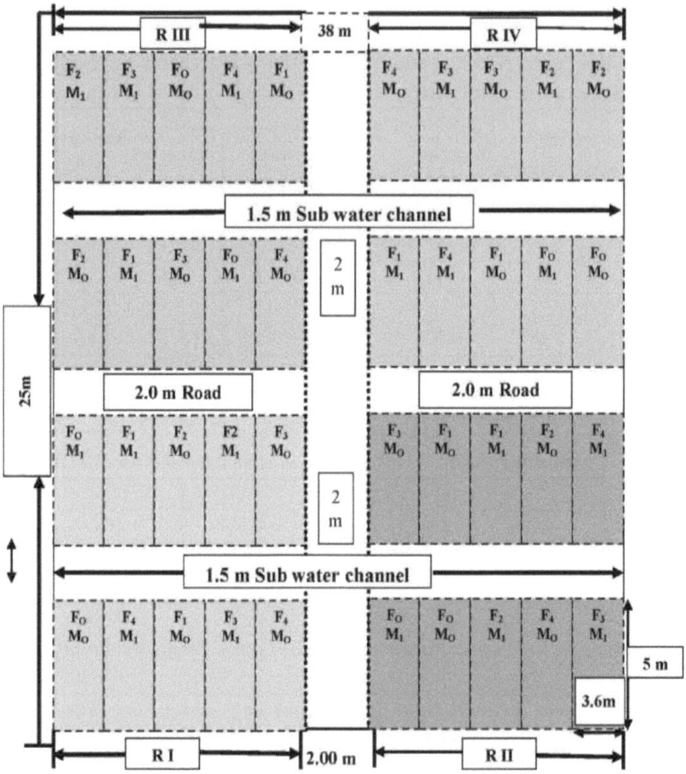

Conceção	Desenho de blocos aleatórios (Fatorial)	Lote bruto	3.6 × 5.0 m
Replicação	04 (Quatro)	Lote líquido	2.70 × 4.0 m
Tratamento	10 (Dez)	Área total da parcela	25.0 × 38.0 m

Fig 3.2: Esquema do campo experimental

Foto 1: Vista geral do campo experimental aos 60 DAS

Foto 2: Vista geral do campo experimental durante a debulha

MIX
Papier aus verantwortungsvollen Quellen
Paper from responsible sources
FSC® C105338

Printed by Books on Demand GmbH, Norderstedt / Germany